MARCHER DANS LES BOIS

DU MÊME AUTEUR

La Vie secrète des arbres, les Arènes, 2015
La Vie secrète des animaux, les Arènes, 2018
Le Réseau secret de la nature, les Arènes, 2019

Titre original : *Gebrauchsanweisung für den Wald*
© Piper Verlag GmbH, München/Berlin 2017.

© Les Arènes, Paris, 2021 pour la version française.

Les Arèncs,
17-19, rue Visconti, 75006 Paris
Tél. : 01 42 17 47 80
arenes@arenes.fr
www.arenes.fr

PETER WOHLLEBEN

MARCHER DANS LES BOIS

LE GUIDE AMOUREUX DE LA FORÊT

TRADUIT DE L'ALLEMAND
PAR HÉLÈNE BOISSON

LES ARÈNES

Chemin forestier, Irlande du Nord.

Un guide de la forêt, pour quoi faire ?

Lorsque mon éditeur m'a proposé d'écrire ce guide pratique, j'ai tout de suite été enthousiaste. J'aime la forêt, qui constitue une part importante de ma vie. Et pourtant, si j'ai fait de cette passion mon gagne-pain, c'est par hasard. Je me destinais à des études de biologie ; comme beaucoup de jeunes bacheliers, je ne voyais pas du tout par quel miracle mon amour pour la nature pourrait devenir un vrai métier. En lisant le quotidien régional, ma mère est tombée sur une petite annonce qu'elle m'a montrée : l'administration forestière du Land de Rhénanie-Palatinat cherchait des candidats pour une nouvelle formation en interne. Je me suis présenté, j'ai été retenu, et j'ai passé les quatre années qui ont suivi entre stages de terrain et salles de classe.

Je dois avouer que ce qui m'attendait à l'arrivée n'avait rien à voir avec mes rêves. Le travail sur de lourdes machines qui détruisaient le sol fragile des forêts n'était que la partie la plus visible de l'iceberg. Répandre des insecticides de contact, raser à blanc des parcelles entières, sacrifier les arbres les plus vieux (ces hêtres vénérables si

9

chers à mon cœur) ; ce que l'on nous faisait faire me mettait de plus en plus mal à l'aise. Tout au long de mes études, on me répétait pourtant que toutes ces pratiques étaient absolument nécessaires pour maintenir la forêt en bonne santé.

Si cela vous paraît étonnant, sachez que c'est ce que croient aujourd'hui encore des milliers d'étudiants, qui font confiance à ce que disent leurs professeurs. Quand le malaise a fait place au rejet, je me suis demandé comment j'allais pouvoir concilier, plusieurs décennies durant, ce métier de forestier avec mes convictions personnelles.

Jusqu'à ce qu'en 1991, au cœur de la belle région allemande de l'Eifel, non loin de la frontière belge, je rencontre un propriétaire forestier qui souhaitait aussi s'engager dans la voie de la gestion écologique : la petite commune de Hümmel. Les membres du conseil municipal et moi, nous avons mis en place une forme d'exploitation de la forêt alliant zones totalement préservées et parcelles où le bois est prélevé de façon responsable. Sans oublier le point essentiel : depuis le début, la population locale a toujours été associée au projet. Au fil du temps, j'ai proposé de nouvelles activités pour valoriser notre forêt, dont les plus spectaculaires étaient des stages de survie et la construction de cabanes en rondins ; mais l'essentiel de ces animations consistait tout simplement à emmener de petits groupes de promeneurs découvrir le monde merveilleux des arbres. À l'issue de la «visite», on me demandait souvent des conseils de lecture pour approfondir. N'ayant pas idée de ce qui existait en librairie sur le sujet, je ne pouvais qu'avouer mon ignorance. Ma femme, Mirjiam, quant à elle, me poussait à écrire au moins un petit livret à destination de nos visiteurs. C'est ainsi qu'un été, j'ai fini par mettre à profit nos vacances familiales en Laponie pour coucher sur le papier ce que j'essayais de transmettre aux curieux venus découvrir notre forêt communale. J'ai envoyé le manuscrit par la poste à quelques éditeurs. « Si d'ici la fin de l'année, personne n'est intéressé, ai-je dit à ma femme, c'est que je ne suis pas fait pour écrire. »

Les choses ont tourné autrement, comme vous le voyez, et aujourd'hui, j'apprécie beaucoup ce travail d'écriture qui me permet d'exercer mon métier autrement. Désormais, j'ai la possibilité de partager largement mon enthousiasme pour la forêt et je m'en réjouis, car à mes yeux, celle-ci est loin d'être aussi exploitée qu'elle le devrait. Vous aurez compris que je ne parle pas ici de vendre davantage de bois : cette exploitation-là est déjà largement abusive. Je pense à toutes les aventures, petites et grandes, qui se cachent derrière les arbres et n'attendent que d'être vécues. Pour cela, une seule chose à faire : mettre de bonnes chaussures et marcher dans la forêt.

À travers bois

Avez-vous déjà vécu cette situation ? Vous êtes en forêt avec des enfants, et tout à coup, ils se mettent à crier. Tantôt ils jouent au loup, tantôt ils découvrent une petite bête et veulent absolument le faire savoir à tout le monde à moins qu'ils ne crient tout simplement de joie. Quel est alors le réflexe commun à la plupart des adultes ? «Chut ! Il ne faut pas faire de bruit !»

Mais au fait, pourquoi donc ? Les cerfs ou les chevreuils sont-ils vraiment gênés par le tapage que font les petits humains sous les arbres ? Il est vrai que les animaux sauvages apprécient le silence, mais ce n'est pas en raison d'une sensibilité particulière au bruit. Au plus fort d'une tempête, quand le vent se déchaîne ou quand il pleut à verse, les autres sons disparaissent, y compris ceux que produisent les loups ou les lynx à l'approche – danger mortel pour les cervidés. D'où leur nette préférence pour les journées sèches et sans vent, où le moindre craquement de brindille s'entend de loin.

Mais le bruit émis par les êtres humains, lui, ne stresse pas les animaux sauvages : loin d'emplir toute la forêt, il provient d'une seule direction. En outre, les grands mammifères savent bien qu'il ne s'agit pas là de leurs pires ennemis : des humains, certes, mais sous la forme d'une bande de chasseurs. Même si quelques loups et quelques lynx réinvestissent aujourd'hui leurs anciens territoires, leurs concurrents humains en tenue kaki sont bien plus nombreux. Rien d'étonnant à ce que la crainte de nos animaux sauvages se concentre sur les bipèdes. Lorsque nous chantons gaiement sur les chemins, lorsque nous nous interpellons, nous signalons aux hôtes de ces bois que nous ne sommes pas en chasse. Ce qui vaut aussi pour le chat sauvage, si farouche. Il a longtemps été pris pour cible au prétexte qu'il s'attaquerait aux chevreuils. Vraiment ? Certes, le chat sauvage diffère fortement du chat domestique, mais la taille de ces deux félins est néanmoins comparable. Imagine-t-on un gros chat dévorer ne serait-ce qu'un petit teckel ? Ses dents sont bien trop courtes pour cela, et sa gueule ne s'ouvre pas assez grand pour immobiliser un animal si gros. Et pourtant, sa mauvaise réputation s'est transmise chez les chasseurs de génération en génération, si bien que le petit tigre de nos forêts a été pourchassé sans pitié. Comment s'étonner qu'il soit aujourd'hui si craintif ?

Les humains qui font du bruit dans les bois, comme les autres espèces de la forêt, ne sont donc pas perçus comme dangereux, ce que j'ai pu moi-même constater. Dans la vieille hêtraie de mon secteur, j'accompagnais un jour, au mois de janvier, un groupe de visiteurs curieux de découvrir la forêt du Souvenir où nous enterrons les cendres des défunts. Après avoir passé une bonne heure à admirer la beauté des lieux, nous retournions à l'aire de stationnement quand je m'aperçus que je n'avais plus mon sac à dos : oublié au pied d'un arbre ! Le stagiaire qui m'accompagnait se porta volontaire pour retourner le chercher. Quand il nous rejoignit un quart d'heure plus tard, il était dans tous ses états : il venait d'apercevoir un chat sauvage qui traversait le chemin d'un pas tranquille. Sans doute le félin avait-il attendu dans un coin le départ de notre petite troupe joyeuse et volubile avant de reprendre ses activités. Un an plus tard, par une chaude journée de juillet cette fois, il m'est arrivé une aventure comparable dans cette même forêt du Souvenir. Appuyé à mon véhicule tout-terrain, je discutais avec un collègue quand j'ai vu un chat sauvage pointer le bout de son nez, on ne peut plus placidement, à une cinquantaine de mètres de nous : il traversait la route qui sépare deux parcelles forestières. Pareil endroit ne semblait nullement l'intimider, ce qui dit bien que sa crainte est avant tout dirigée vers ces hommes silencieux qui se tiennent à l'affût dans les sous-bois. Pour résumer : faire du bruit en forêt ne dérange personne, et on peut laisser crier les enfants ! Ou plus exactement, le bruit ne perturbe nullement les animaux sauvages… mais dérange sans doute certains adultes.

Marcher hors des sentiers battus, c'est sentir le parfum de cette liberté absolue qui évoque plutôt d'autres pays que les nôtres. J'aime les paysages déserts du sud-ouest des États-Unis, non par misanthropie, mais par amour des grandes étendues. En Europe, la vue est sans cesse arrêtée par un poteau électrique, une autoroute, une agglomération ; là-bas, au Nouveau-Mexique, en Arizona ou en Utah, le regard va se perdre parmi les arbres et les montagnes sans rencontrer aucun obstacle.

Mais attention, cela ne vaut que pour l'œil. La plupart du temps, le passage est barré dès qu'on quitte les grandes routes, et parfois au sens propre du terme. Lors d'une grande boucle à la découverte du sud-ouest des États-Unis, je me souviens aussi de ces centaines de kilomètres de fils de fer barbelés qui nous accompagnaient inlassablement sur le bas-côté, de part et d'autre du ruban d'asphalte : de quoi tuer dans l'œuf toute sensation de liberté. Qu'y avait-il donc à protéger ? Du sable et des rochers – à croire que quelqu'un aurait pu avoir l'idée de les emporter. Les terres ayant le statut dc propriété privée (et elles sont très nombreuses) sont généralement interdites d'accès, et d'innombrables panneaux viennent vous le rappeler.

Une fois rentré en Allemagne, j'ai davantage pris conscience de toutes les possibilités d'exploration qui s'offraient chez nous aux amoureux de la forêt. Ce ne sont pas seulement les routes et chemins qui sont ouverts, mais les forêts tout entières. Vous avez envie de sortir des sentiers battus ? C'est possible ! Nul ne vous en empêchera, à moins que vous ne vous trouviez dans l'une des rares zones à l'accès réservé. Réserves naturelles, parcs nationaux, forêts de protection : dans ces lieux, vous devrez le plus souvent rester sur les chemins balisés. Mais ces zones ne représentent qu'un faible pourcentage de l'ensemble, et comme tout cela est très bien indiqué, impossible de vous tromper. Autres exceptions : les plantations exploitées comportant de jeunes arbres et protégées par des clôtures. Même s'il peut être tentant de franchir la barrière pour couper au milieu… il vaut mieux faire le tour !

Dernière zone tabou : les coupes de bois en cours. Là où grondent les tronçonneuses ou l'abatteuse, cet énorme engin forestier, c'est votre vie qui est en jeu. Quand tombe un arbre qui peut atteindre quarante mètres, il est bien difficile d'anticiper sa trajectoire, d'autant que la plupart du temps, la végétation masque les promeneurs. C'est pour cela que, sur les chemins des parcelles concernées, des centaines de mètres en amont, on trouve des écriteaux ou de la rubalise rouge et blanche pour en empêcher l'accès. Ces réserves mises à part, la majeure partie des bois reste libre de toute restriction : vous avez toute latitude pour vous y fondre. Précision importante : cela ne vaut que pour les piétons. Les cyclistes et les cavaliers doivent s'en tenir aux chemins ; quant aux autres moyens de transport, la forêt leur est en général complètement fermée.

Et maintenant, en pratique, comment sortir des sentiers battus ?

Chats sauvages, Hesse, Allemagne.
Accusé à tort d'attaquer les chevreuils, le petit tigre de nos forêts a longtemps été pourchassé sans pitié. Comment s'étonner qu'il soit devenu si craintif ?

Le lieu le plus approprié est sans conteste une épaisse forêt de feuillus. On y trouve un sol la plupart du temps libre de broussailles et dénué de branches basses dépassant des troncs. Les forêts de conifères sont très différentes, surtout quand les arbres sont très serrés. En effet, les branches mortes des épicéas, des pins et des douglas plantés à proximité les uns des autres sont comme des bras enchevêtrés qui se tendent pour mieux vous barrer le passage. Pour traverser un endroit comme celui-là, je privilégie la marche à reculons. Ceci évite d'être fouetté au visage par une branche mal placée, ou pire, atteint aux yeux. De ce point de vue, la forêt de feuillus est bien plus accueillante. Un tapis d'herbe verte sous les arbres ? Non, il vaut mieux faire un détour. La rosée matinale ou les restes de la dernière averse auront tôt fait de s'infiltrer dans vos chaussures, et même les matières censées être les plus étanches ne vous protégeront pas bien longtemps sur ce type de sol.

Mûres et ronces constituent souvent un défi : je ne parle pas ici des fruits, car le plus souvent vous tomberez sur les ronciers sans leur délicieux chargement. Emmêlées les unes aux autres, les ronces peuvent former des taillis de plusieurs mètres de haut. Pour traverser un roncier, souvenez-vous qu'il faut marcher comme la cigogne. Levez bien haut le pied et écrasez le tas de ronces, puis appuyez-vous sur ce pied, levez l'autre pour bien écrasez la grosse ronce voisine, et ainsi de suite. Vous craignez de vous ridiculiser ? En général, personne ne sera là pour vous voir. Mais si vous êtes pressé, ou si vous refusez de marcher de façon aussi ridicule, vous risquez fort de vous retrouver prisonnier. Comme pris dans un lasso, vous aurez toutes les peines du monde à vous débarrasser de cette étreinte non désirée, et bien souvent une liane attachée à vos pieds vous fera basculer dans les ronces. Ouille !

Autre risque de chute : les très fortes pentes. Passe encore quand le terrain est dégagé, mais le risque existe surtout quand le sol disparaît sous la neige ou les feuilles mortes. En effet se trouvent ainsi dissimulées les branches tombées dont l'écorce a déjà commencé à pourrir. Souvent, elles sont orientées dans le sens de la pente de sorte que, si vous en foulez une, votre pied glisse à toute vitesse jusqu'en bas, comme sur un toboggan. Même à moi qui suis censé le savoir, cette mésaventure est arrivée plus d'une fois. Le temps que je comprenne où j'ai posé le pied, il est trop tard. Je tombe à la renverse, je bats désespérément des bras, puis je m'étale de tout mon long. Conclusion : par temps humide, il est plus prudent d'éviter les passages escarpés. La meilleure manière d'avancer à flanc de coteau consiste à suivre les traces des animaux sauvages. Comme ils ont le même problème que nous, ils ne s'aventurent que sur des voies déjà empruntées et par conséquent suffisamment praticables, que l'on appelle « coulées ». Ces voies sont étroites (pas plus de trente centimètres), mais c'est suffisant pour avancer de pied ferme. Sur les longues pentes, ces sentiers s'étirent parallèlement au chemin principal, si bien que si vous devez monter ou descendre, il vous suffit de rejoindre la voie supérieure ou inférieure pour suivre le bon vieux sentier des bêtes.

Vous voilà parvenu au fond de la vallée : il y a souvent un petit cours d'eau à traverser. Admettons que vous ayez réussi à garder les pieds au sec jusqu'ici. Pourquoi s'arrêter en si bon chemin ? La plupart des coureurs des bois préfèrent tout simplement sauter d'une rive à l'autre. Ce qui a l'air simple comme bonjour, quand le ruisseau ne mesure pas plus d'un mètre de large. Rien de bien méchant. Oui, mais à condition que le sol soit sec. Car lorsque la rive n'est pas abrupte, mais plate, l'eau s'étend bien plus loin qu'on ne le devine, créant une large zone marécageuse. Le sauteur atterrit alors en plein dans la boue, qui s'infiltre dans les chaussures, froide et humide. Comment éviter cela ?

Tout d'abord, essayez de trouver un passage un peu plus à pic : il est plus probable que vous y rencontriez des rochers, ou du moins de nombreux cailloux. Tout près des arbres, vous augmentez aussi vos chances de préserver vos chaussures et vos pieds, car le réseau des racines constitue un bon support. Enfin, si le ruisseau n'est pas trop profond et que vous voyez des pierres affleurer à la surface de l'eau, il vaut mieux tenter vaillamment de traverser en sautant de l'une à l'autre. Au fil du temps, ces pierres se sont nettoyées et séchées, et sont généralement tout à fait stables, formant un véritable passage pour piétons. En un peu plus glissant, c'est vrai ! En arpentant mon secteur, il ne m'est encore jamais arrivé de tomber dans le ruisseau – mais plus d'une fois de m'enfoncer dans une berge trop instable. Sous nos latitudes, le seul petit danger d'une telle option est de mal estimer la profondeur du cours d'eau ; au pire, on s'en sort juste trempé, et non pas couvert de boue.

Par mauvais temps, la gadoue et les marécages posent évidemment problème. Les chaussures de marche sont certes conçues pour affronter les éléments… mais qui aime passer des heures à brosser du cuir incrusté de boue ? Sans compter qu'une partie de la gadoue aura eu la bonne idée de s'inviter à l'intérieur, par-dessus la cheville. Face à un terrain instable, le bon réflexe est de diminuer l'enfoncement de la chaussure en augmentant sa surface au sol. Vous pouvez par exemple utiliser des branches mortes que vous ramasserez alentour. Marcher dessus répartira votre poids – mais gare à ne pas choisir un bois déjà pourri ! Sinon, vous entendrez un grand « crac » et l'histoire continuera un étage en dessous.

Il n'est pas toujours évident de trouver de grands morceaux de bois ; en revanche, les mottes d'herbe sont disponibles partout. Chacune d'elles formera un petit îlot dans le marécage, et cet archipel artificiel vous permettra de passer à pied sec de l'autre côté. Cela ne vaut toutefois que pour les abords des ruisseaux, pas pour les vraies zones marécageuses. Là-bas, les herbes qui poussent sur la tourbe spongieuse sont bien plus instables, rendant toute traversée périlleuse.

Et si, après tout, vous préférez rester sur les chemins ? Crapahuter dans les sous-bois n'offre pas que des avantages. Quand on se balade à deux et qu'on essaie de tenir une conversation, couper à travers bois n'est pas forcément une bonne idée. Sur les minces passages praticables, on avance généralement à la queue leu leu, ce qui limite les échanges au strict minimum. D'ailleurs, il vaut mieux garder quelque distance avec celui ou celle qui marche devant soi, pour éviter de prendre en pleine figure une branche qui se remet en place, ce qui ne facilite pas la communication.

Et d'ailleurs, pourquoi les chemins seraient-ils forcément ennuyeux ?

Ils offrent déjà leur lot de découvertes. Les traces des lourdes machines forestières, par exemple. Quoi de plus rageant que de voir les plus beaux chemins envahis par la boue, juste parce que les exploitants forestiers viennent d'y passer ? N'est-ce pas sans-gêne d'obliger les promeneurs à patauger jusqu'aux chevilles pour servir le commerce du bois, mais sans aucun égard pour autrui ?

Pour ma part, je vois les deux côtés de la question – y compris, donc, le point de vue des propriétaires. Or, tous ces chemins ont d'abord été aménagés pour que les camions puissent transporter les troncs jusqu'à la prochaine scierie. S'il fallait se préoccuper de toutes les personnes qui vont en forêt pour y chercher le repos, on ne s'en sortirait pas, et l'essentiel est au fond que le chemin reste praticable avec un véhicule adapté. Jadis, on ne récoltait le bois que l'hiver, et le transport ne se faisait que par temps sec ou en période de gel. Mais en ces temps de réchauffement climatique, la saison froide est surtout

Bald Eagle State Forest, Pennsylvanie, États-Unis.
En fond de vallée, il y a souvent un petit cours d'eau à traverser. Si le terrain est boueux, plutôt que de sauter d'une rive à l'autre, mieux vaut utiliser en guise de pont de grosses pierres sèches ou un tronc d'arbre couché.

devenue une saison des pluies, et la température descend rarement en dessous de zéro.

Dans mon secteur, je constate de plus en plus de situations où tout le monde est perdant. Souvent, nous arrêtons le transport de bois dès l'automne, quand le temps gris s'installe et que tous les chemins sont détrempés. Notre espoir que quelques jours de gel viennent stabiliser les traces reste vain. En attendant, le bois récolté est attaqué par les champignons, ce qui en diminue la qualité : les acheteurs redoutent à juste titre d'y perdre financièrement. En mars au plus tard – et certaines grumes auront déjà passé six mois dans la forêt –, il faut qu'on puisse circuler, sans quoi la marchandise serait définitivement perdue. Les chemins sont si boueux qu'ils doivent être remis en état après le passage des transports de bois.

Autre obstacle : souvent, les gens me racontent qu'ailleurs, au cours de leurs loisirs de plein air, ils ont été interrompus de façon fort désagréable. Par qui ? Par des hommes d'un certain âge en tenue kaki, à bord de plusieurs 4×4, qui se penchaient par la fenêtre pour leur crier qu'ils n'avaient rien à faire à cet endroit. Mon conseil : en cas de doute, demandez qu'on vous montre une carte professionnelle. Je fais le pari que ces personnes n'en auront pas, puisque ce sont des sociétés de chasse qui les emploient, même si les plaques « sécurité » ou « surveillance chasse » qu'elles affichent sur leurs pare-brise peuvent parfois faire illusion. N'importe qui peut en commander une sur Internet et en orner sa voiture, exactement comme les panneaux « agriculture », « protection des forêts » ou autre. Comment savoir à qui vous avez affaire ? Un garde-chasse privé, pourvu d'une autorisation* en bonne et due forme, est doté de certaines fonc-

---

* Délivrée en France par la préfecture. *(Toutes les notes de bas de page sont de la traductrice.)*

tions de contrôle, mais uniquement sur les personnes participant à la battue ou autre type de chasse en cours : possession du permis de chasser, conformité des armes, saisie du gibier… Pour le reste, les seules mentions valables sont celles qui renvoient à l'administration forestière publique ou locale, dont vous pouvez chercher les intitulés et logos sur Internet (en Allemagne, la mention « *Forst* » ou « *Forstverwaltung* », avec le blason de la commune ou du Land correspondant*). Vous savez alors que vous avez affaire à de vrais forestiers, assermentés et munis de documents qui le prouvent**. Mais il est bien rare que mes collègues aillent au contact des promeneurs pour les contrôler ; leur habitude est plutôt de les laisser tranquilles.

Tous les chasseurs ne peuvent pas en dire autant. En effet, certains s'énervent, une fois perchés sur leurs miradors pour attendre le gibier, de voir encore passer un promeneur du soir accompagné de son chien (voire pire : de son chien sans laisse !). Cela risque de tout gâcher, et s'il y a quelque chose qu'un chasseur n'aime pas, c'est bien de rentrer bredouille. Alors certains n'hésitent pas à intimider les trouble-fêtes en singeant les autorités ; ce n'est pas bien difficile, et c'est parfaitement illégal. Mais qui osera tenir tête à de grands escogriffes furibards, qui plus est lourdement armés ? Dans ce genre de cas, il vaut mieux relever le numéro de la plaque et battre prudemment en retraite. Si les propos étaient excessivement agressifs, avec arme à l'épaule (voire tenue en mains !), n'hésitez pas à vous rendre au poste de police ou de gendarmerie le plus proche pour y signaler ces abus.

---

* En France, selon le statut des forêts, on cherchera la mention « Office national des forêts » (ONF), « Parc national » ou le logo des services départementaux ou municipaux.
** Les gardes forestiers de l'ONF ou des collectivités locales sont habilités à verbaliser les contrevenants, mais leur mission est d'abord informative et préventive.

En quête de traces

Quand il neige, je me réjouis doublement : d'abord parce que j'aime les vrais hivers, ceux où l'on peut chausser ses lourdes bottes et les entendre crisser en s'enfonçant dans le grand manteau blanc, et ensuite parce que c'est le moment ou jamais de percer bien des mystères. Du moins sur la vie des bêtes qui m'entourent, et qui laissent pour une fois derrière elles des traces bien visibles de leurs allées et venues. Mais pour cela, toutes les neiges ne se valent pas : la première de l'année est toujours la meilleure. Quand les animaux ne sont pas encore entrés en hibernation, ils s'activent bien davantage qu'au milieu d'une période de grand froid. L'idéal est même d'ouvrir l'enquête dès le premier matin de neige, car bien souvent le soleil de midi suffit à effacer les traces, surtout si un vent glacial disperse des cristaux. N'oubliez pas votre appareil photo : je vous conseille d'immortaliser vos découvertes afin de les examiner tranquillement à la maison, en vous aidant d'un ouvrage spécialisé ou d'un site Web bien fait.

Mais la saison estivale n'interdit pas l'observation. En bordure des chemins, on trouve souvent une fine couche de boue. Une véritable aubaine : les pattes et les sabots s'y impriment comme un sceau dans la cire fondue. De plus, il est possible d'estimer depuis combien de temps l'animal est passé par là. Tout dépend des dernières pluies – de celles de quelque importance, du moins. Soit elles lessivent tout sur leur passage, soit elles érodent les contours des empreintes, si bien qu'il devient hasardeux de les interpréter : s'il a plu l'avant-veille, par exemple, et que vous découvrez une empreinte de cerf ou de chevreuil bien nette, c'est la preuve certaine que l'animal est passé par là il y a moins de deux jours.

Mais dans nos contrées, le rêve de tout chasseur de traces, c'est sans doute de tomber sur une empreinte de loup. La première fois que j'ai eu la chance d'en voir une, c'était dans la glaise séchée d'un chemin suédois. Avec ma famille, j'étais parti en vacances à la fron-tière entre la Suède et la Norvège. Des vacances en canoë. Canoë et traces de loups, mais quel rapport ? me direz-vous. Le circuit que nous avions prévu reliait de nombreux lacs et comportait des passages à pied, avec «portages» indispensables. Chaque fois, on vide l'em-barcation, on la tire hors de l'eau et on l'installe sur un support muni de deux roues. Ensuite, on peut remettre tout le matériel dedans, et il ne reste plus qu'à affronter courageusement les kilomètres, une colline après l'autre, sur des sentiers forestiers absolument silencieux.

Autant l'avouer, la partie pédestre de l'expédition tourne rapide-ment au calvaire. Il devient indispensable de faire des pauses, et c'est lors d'une de ces multiples haltes que la chance nous a souri. Trop épuisés pour lever les yeux du sol, nous avons été récompensés de tous nos efforts par l'apparition de nos premières vraies empreintes de loup. Nous étions les seuls promeneurs à la ronde, dans cette région qui abritait alors la plus importante population de loups de toute la Suède. Étrangement, après cette belle surprise, traîner le canoë jusqu'au prochain plan d'eau nous parut beaucoup plus facile.

Pourquoi parler ici des autres promeneurs ? Parce que qui dit promeneur dit souvent chien, et que la présence de cet animal domestique complique singulièrement la recherche de traces.

On le sait, le loup et le chien sont de proches parents : sans surprise, leurs empreintes sont très similaires. Alors, loup ou gros chien ? Franchement, il m'arrive à moi aussi d'avoir un doute. Naturellement, il existe des critères pour nous guider dans notre identification, le premier étant la localisation de la trace. Chez nous, le soir, puisque des chasseurs se tiennent un peu partout à l'affût sur leurs miradors, le moindre loup est aussitôt signalé, et dès le lendemain, son passage fait la une des journaux. Dans les zones où aucun loup n'a jamais été observé, une trace de loup a de fortes chances d'être l'œuvre de son cousin domestiqué. Mais là où le loup a été réintroduit, il faut y regarder de plus près. Contrairement aux chiens, les loups tracent une piste rectiligne, c'est-à-dire que leurs empreintes sont rangées l'une derrière l'autre. De plus, ils mettent leurs pattes arrière dans les empreintes laissées par les pattes avant. Pour plus de sûreté, jetez aussi un coup d'œil à droite et à gauche des traces : si c'est un chien, il est probable que vous trouviez aussi les traces de son maître.

Si vous trouvez des fèces, autrement dit des crottes, il sera plus facile de trancher. Le canidé domestique est principalement nourri de croquettes et/ou de pâtée en boîte, d'où des excréments d'aspect lisse et homogène, d'un brun uniforme. Les crottes de loup, au contraire, en disent long sur le menu du dernier repas. On y repère des résidus blanchâtres d'ossements, mêlés à des poils d'animaux, souvent de couleur noire quand ils proviennent de sangliers. En cas de doute, vous pouvez toujours ramasser la déjection et l'emporter dans un sac en plastique pour la montrer ou l'expédier à une personne compétente, qui pourra éventuellement la faire analyser.

Le deuxième grand carnassier de nos forêts, le lynx, a en revanche une empreinte reconnaissable entre toutes. Impossible de se tromper, sous nos latitudes en tout cas, devant une empreinte de félin aussi gigantesque. En cas d'hésitation, vérifions la symétrie : les traces de canidés (chiens et loup) sont symétriques par rapport à une ligne tracée entre les deux doigts du milieu. Mais chez le lynx, les deux parties de l'empreinte, de part et d'autre de cette ligne, ne sont pas superposables. De plus, chez les grands félins, il est très rare que les griffes laissent des traces dans le sol, tandis que c'est le cas pour les loups et autres canidés.

Bon à savoir : si vous avez un chat à la maison, celui-ci vous aidera aussi à savoir si un lynx rôde dans les environs. Un collègue garde forestier dans le Palatinat m'a raconté que son félin domestique n'osait plus mettre le nez dehors dès que son grand cousin était en vadrouille dans son vaste territoire de chasse. Un bon moyen de détecter la présence du lynx non loin des habitations.

Pour un chasseur de traces, identifier une empreinte de lynx ou de loup, c'est gagner le gros lot. Plus modestes, les traces de renard font figure de lot de consolation. Encore faut-il savoir les différencier de celles d'un petit chien. Sachez que le renard, comme son grand frère le loup, avance en ligne droite. Il laisse donc derrière lui des empreintes bien alignées. Au contraire du chien, le coussinet arrière n'est pas visible dans l'empreinte, ce qui donne l'impression d'une forme plus allongée.

La présence des renards peut aussi être révélée par leur terrier. Certes, ils n'installent pas leurs cachettes juste au bord du chemin ; mais en cherchant des champignons, si vous vous aventurez un peu dans les sous-bois, vous en découvrirez peut-être une. La plupart du temps, l'entrée, ou les entrées, sont dissimulées derrière un buisson. Le logement est-il ancien, ou encore occupé ? On le verra aux marques de grattage récent, ainsi qu'à l'absence de végétation sur la terre fraîchement rejetée au-dehors.

Sans oublier que quelqu'un d'autre peut également occuper les lieux : le blaireau. En l'absence d'empreinte de patte, l'identification est difficile (s'il y en a, c'est chose facile : les traces de blaireau ressemblent à des traces d'ours, avec de longues griffes qui s'étirent loin vers l'avant). Les blaireaux creusent plus que les renards : devant la tanière, on verra bien davantage de terre excavée, avec un sillon tracé qui matérialise le passage des habitants, toujours par le même chemin. Dans ce sillon, il arrive que l'on découvre des matériaux de rembourrage, prêts à être ajoutés à l'intérieur pour former un petit nid douillet. L'entrée d'un terrier de blaireau est plus soignée : si les renards laissent leurs crottes un peu partout, les blaireaux, eux, vont faire leurs besoins dans ce qui ressemble à de véritables toilettes. C'est là qu'ils enterrent leurs excréments… et ça se sent ! Ce n'est pas tout : ils laissent aussi des marques olfactives qui permettent d'identifier leur domicile.

Une odeur forte nous mettrait donc plutôt sur la piste du blaireau. Pour compliquer un peu la tâche du détective, il est fréquent que plusieurs espèces animales coexistent dans un même réseau de galeries souterraines : blaireaux, donc, mais aussi renards ou martres. Et si vous ne parvenez pas à identifier formellement l'occupant, il n'en reste pas moins passionnant de constater que telle ou telle tanière, utilisée pendant des siècles, est somme toute aussi vénérable que les maisons à colombages de nos centres-villes médiévaux.

Empreintes de pas, déjections et lieux d'habitation ne sont encore qu'une partie des indices dont on peut disposer. Les sangliers, par exemple, nous font clairement savoir où ils sont allés s'ébattre. Après un bon bain de boue (il arrive qu'on distingue la forme de l'animal allongé creusée dans le sol), ils n'aiment rien tant que se frotter à ce qu'on appelle justement des « arbres de frottage ». Ce faisant, avec la terre séchée qui les recouvre, ils arrachent une partie de leurs poils, qui restent emprisonnés dans les fentes de l'écorce. En allant rejoindre ces arbres, les bêtes dispersent des traces de terre un peu partout sur la végétation, montrant ainsi, comme des héros de contes, par quel chemin elles sont passées.

Mais il est des signes qui trahissent plus subtilement encore la présence des animaux. Au printemps, dans les vieilles hêtraies, les fruits tombés des arbres, qu'on appelle les faînes, se mettent à germer. Les chétives pousses de hêtres font penser à de petits papillons dépliant prudemment leurs ailes. Or, parfois, c'est tout un bouquet de jeunes arbres qui sort de terre en même temps. Comment est-ce possible ? Les faînes de hêtre sont lourdes, et le vent a beau souffler, elles tombent toujours au pied de l'arbre qui les a portées. D'un point de vue purement statistique, donc, elles devraient s'être également réparties autour du tronc. Que deux ou trois atterrissent à la même place, passe encore, mais dix, ou même davantage ? Le hasard n'y est pour rien : c'est l'œuvre des écureuils, ou plus souvent encore, des souris. Ce sont ces petits mammifères qui les ont enfouies là en automne, en prévision de l'hiver, pour se régaler de graines riches en graisses quand toute la forêt s'endort sous un épais manteau de neige.

Le bouquet de jeunes arbres est donc le témoin d'un petit drame : en plein cœur de l'hiver, un renard affamé a dévoré la souris si prévoyante, et ses provisions inutiles sont restées à l'abandon sous la terre, où elles ont pu germer une fois le printemps venu. On peut toutefois voir les choses autrement : le renard mangeur de souris est venu sauver les futurs hêtres, en leur donnant une chance de survie.

N'oublions pas la grande famille des pics (pics verts et autres pics épeiches ou épeichettes), ces oiseaux connus pour tambouriner sans relâche sur les troncs. Quand ils font leur nid dans les arbres creux, ils sont loin de préférer le bois pourri. On les comprend : qui aimerait s'installer dans un appartement instable ? Bien souvent, ce sont

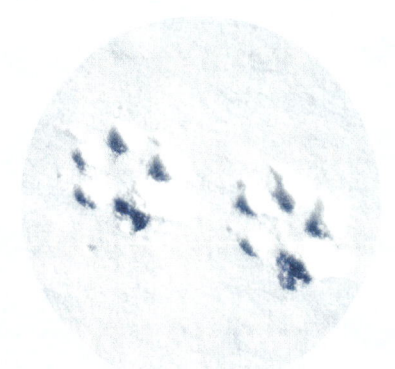

Loups gris dans la neige, Russie ; empreintes de loup, Amérique du Nord.
Le rêve de tout chasseur de traces : tomber sur une empreinte de loup
(à ne pas confondre avec celle du chien) !

donc des arbres tout à fait sains que choisit l'oiseau, et pour que le bois dur ne lui donne pas trop mal à la tête, il organise ses travaux en plusieurs tranches. Dans les intervalles, qui durent parfois plusieurs mois, des champignons se développent sur le chantier, ce qui rend le bois plus friable.

Mais les oiseaux piqueurs ont aussi d'autres besoins. Au printemps, ils se délectent de la sève sucrée qui monte dans les arbres. Pour cela, ils choisissent de préférence un jeune chêne, et percent dans son écorce toute une rangée de petits trous, espacés d'une dizaine de centimètres, pour mieux récupérer le jus qui s'en échappe. L'arbre n'en souffre pas, ou si peu, mais pour des décennies, il en garde une écorce visiblement balafrée.

Moins douloureux : ces oiseaux sont de grands consommateurs d'insectes. Ces derniers ne colonisent que les arbres déjà très malades, en un mot ceux dont la fin est proche. En été, quand les bostryches typographes s'en donnent à cœur joie, la présence d'un pic vert ou d'un pic épeiche montre aisément quels sont les arbres touchés par l'invasion. Partout où se cachent des larves et nymphes bien juteuses, les pics s'emploient à marteler l'écorce à grands coups de bec jusqu'à parvenir à leurs fins. Lors d'un pareil banquet, de grandes plaques d'écorce se détachent, et le bois clair mis à nu trahit du même coup les attaques de coléoptères.

Cela dit, les arbres morts, et surtout les vieux troncs couchés à terre qui pourrissent lentement dans l'ombre des sous-bois, intéressent eux aussi nos amis les pics, car des milliers de variétés d'insectes viennent y pondre leurs œufs. Les larves blafardes dévorent le bois pourrissant, parfois toute une année, avant d'entamer le processus de transformation à l'issue duquel, pour quelques semaines à peine, elles découvriront le monde dans leur carapace de coléoptères. Cette fois, c'est en hiver que l'on repère le plus facilement ces véritables garde-mangers pour pics verts. Les fourmis ne se déplacent plus, les insectes volants hibernent, bien à l'abri, sous l'écorce qui s'écaille peu à peu. En cas de famine, les pics viennent se servir sur le bois mort, en arrachant avec leur bec de longs copeaux de couleur claire, aisément repérables au sol. Ceci fait, ils peuvent accéder aux larves riches en protéines qui les dédommagent de leur dur labeur. Là où la récolte a été particulièrement abondante, on voit même au pied du vieux tronc des morceaux de bois mort complètement lacérés.

Une autre catégorie de traces est à prendre en considération : les restes. Restes de repas, restes mortels : le souvenir d'une scène aperçue par la fenêtre de notre maison forestière me rappelle qu'ils ont aussi leur place dans ce guide de la forêt. Lors d'une pause déjeuner, j'étais installé dans mon canapé en compagnie d'un bon sandwich au fromage, quand mon regard fut soudain attiré par de jolis flocons de neige. Ils tombaient lentement, très lentement, comme dans un rêve. Je me levai, allai à la fenêtre, et cet étrange phénomène s'éclaira : c'était un geai des chênes occupé à plumer consciencieusement une mésange charbonnière avant de la dévorer.

Ces minuscules tragédies sont courantes sous le couvert des grands arbres ; que cela nous plaise ou non, bien des animaux sont de redoutables tueurs d'oiseaux. Parmi les mammifères, il faut citer entre autres les écureuils, les martres et les renards. Chez les oiseaux, tous les corvidés (corbeaux, corneilles, choucas, pies et geais), mais aussi certains rapaces, qu'ils soient nocturnes, comme la chouette hulotte ou le hibou grand-duc, ou diurnes, comme l'épervier ou son cousin l'autour des palombes. Un petit tas de plumes, souvent sur une souche d'arbre, est la signature du crime. Comme nos bouchers et charcutiers, les oiseaux aiment apparemment avoir une table à leur disposition. Quelle espèce est passée à l'action ? Il est impossible de le dire après coup, mais on peut distinguer une attaque de mammifère d'une attaque d'oiseau de proie. Rappelons que ces derniers n'ont pas de dents : si le renard, par exemple, croque et avale les os trop durs, l'oiseau de proie désosse la chair pour pouvoir l'absorber. Là où il a bataillé du bec, on observe des rayures ou des éclats sur les ossements.

Cette recherche de traces peut aussi s'aborder autrement. Et si, au lieu de guetter les allées et venues des animaux, vous cherchiez à retracer les activités humaines ? Ce sont tout de même les traces les plus visibles quand on se promène en forêt… Et jouer les détectives est toujours très amusant. Commençons par les flaques : rien de plus pratique pour savoir quand le dernier véhicule est passé par là. Si l'eau d'une flaque est encore trouble, c'est qu'il est passé le jour même, et sans doute moins d'une heure plus tôt. Trace simple ? C'est un 4×4. Trace double ? Un camion de transport de bois. Trace très large, avec des bords indistincts : c'est un gros engin de récolte, qui est parti scier des arbres ou les rapporter sur les chemins forestiers. Les traces des activités humaines permettent toujours de mieux comprendre ce qui se passe dans la forêt.

Observer les animaux

Des arbres, toujours des arbres… Je vous l'accorde, à la longue, le spectacle peut devenir un peu monotone. Et même la recherche de traces la plus palpitante finit par lasser, si aucun animal ne se montre. Ce qui rend vraiment inoubliable une balade en forêt, c'est l'observation de quelques animaux sauvages. Sauf exception, plus l'animal est gros, moins on aura de chances de le voir. Et ce pour deux raisons. Les grands animaux ont besoin de grands espaces. Un lynx sillonne en tous sens une zone de plus de cinquante kilomètres carrés, tandis qu'un chat sauvage se contentera de cinq à dix kilomètres carrés. Un renard parcourt un peu moins d'un kilomètre carré (soit cent hectares), un chevreuil se débrouille avec 0,02 kilomètre carré (deux hectares). On le voit : les carnivores ont des territoires plus grands que les herbivores. Il en va de même, à une autre échelle, pour les animaux plus petits. Ainsi, dans la forêt primaire, les araignées, qui se nourrissent d'autres êtres vivants, se pressent parfois à plus de cent dans un seul mètre carré[1]. Chaque fois que vous vous allongez sur le sol élastique des sous-bois lors de vos balades automnales, vous êtes en bonne compagnie ! Sans oublier, naturellement, les mouches, cloportes, collemboles et acariens dont se nourrissent les araignées, et qui sont là aussi sous les feuilles – mais sensiblement plus nombreux.

Si vous voulez être certain de voir des animaux, un conseil : s'accroupir et se concentrer sur un seul mètre carré. Un petit tamis (de ceux qu'on trouve dans les magasins de jouets) et une loupe seront une aide précieuse pour explorer le microcosme. Une couverture pour pique-nique vous permettra de vous allonger confortablement, et prolongera d'autant vos découvertes.

Mais l'activité risque de devenir ennuyeuse si vous ne savez pas identifier les différentes espèces que vous verrez grouiller autour de vous. Comme elles sont bien trop nombreuses, je vous conseille de cibler une seule classe d'animaux, et d'emporter avec vous un livre permettant de les reconnaître. Pour s'en tenir, par exemple, à la seule classe des arachnides (araignées, scorpions et acariens), intéressons-nous à l'ordre des *Araneae*, autrement dit des araignées. Contrairement à une idée répandue, toutes ne tissent pas de toile. Dans nos contrées, il en existe plusieurs milliers d'espèces, ce qui devrait suffire à quelques bonnes observations. D'ailleurs, il n'est pas impossible que vous repériez quelques nouveaux spécimens, apportés chez nous toujours plus nombreux par le commerce mondialisé. C'est ainsi que ma fille, en soulevant le caillebotis recouvrant son balcon, a eu la mauvaise surprise de tomber nez à nez avec plusieurs veuves noires, alors que cette espèce venimeuse n'est pas censée habiter le nord de l'Europe, mais seulement ses latitudes les plus méridionales.

Avantage des « gros » animaux de nos forêts : on peut les croiser au hasard d'une promenade. Revers de la médaille : comme ils sont déjà dans le collimateur des chasseurs, ils sont souvent extrêmement farouches. À deux périodes de l'année, cependant, les cervidés deviennent un peu plus faciles à approcher. La première est la période de reproduction. Les hormones aidant, les individus de sexe masculin, notamment, ont alors tendance à relâcher leur vigilance. Jusque dans les régions où la chasse est intense, le brame des cerfs devient même une attraction touristique. Dans certains cas extrêmes, non loin de ma commune de Hümmel, par exemple, on peut venir s'installer avec sa chaise de camping au bord de la route et assister au ballet des grands cerfs venus bramer à qui mieux mieux pour le plus grand plaisir de ces dames.

La seconde période propice aux observations est tout simplement celle de la fermeture de la chasse. À la fin du mois de janvier, en Allemagne, quand les fusils sont contraints au silence*, la nouvelle ne tarde pas à se répandre parmi les habitants de la forêt. Plus le temps passe, plus le gibier oublie la peur. C'est donc peu avant le 1er mai, qui marque la reprise de la chasse dans de nombreuses régions allemandes, que l'on fait les meilleures observations. Les cervidés broutent tranquillement dans les prairies et les lisières des bois, et ne se préoccupent guère des promeneurs, pour peu que ceux-ci restent à une distance d'une bonne centaine de mètres.

J'ai parlé plus haut du chat sauvage; mais quant à son observation, il me faut apporter quelques précisions. En effet, il n'est pas si facile d'en apercevoir un, et cela tient à trois facteurs. Premièrement, cet animal particulièrement craintif se cantonne à des zones faiblement peuplées, peu ou pas fréquentées par l'homme: dans les endroits touristiques, il est pratiquement impossible qu'il montre le bout de son nez. Ensuite, les individus sont très peu nombreux, quelques milliers tout au plus, sur des dizaines de milliers de kilomètres carrés, principalement constitués de forêts inhabitées**. Enfin, là où ils se

---

* En France, la fermeture de la chasse est fixée par département, généralement à la fin du mois de février, avec une ouverture en septembre.
** En France, le chat sauvage n'est présent que dans le quart nord-est du pays, ainsi que dans les Pyrénées et en Corse.

trouvent, les authentiques chats sauvages cohabitent aux abords des villages avec des millions de chats domestiques, dont certains ont des robes tigrées qui ressemblent furieusement à la leur. Il serait donc bien illusoire d'organiser une observation de chat sauvage. Mais dans l'éventualité d'une rencontre, il est bon d'avoir en tête quelques signes distinctifs.

Commençons par la robe. Chez le chat sauvage (*Felis sylvestris*), elle est toujours tigrée, mais les rayures sont indistinctes, la couleur générale étant mêlée de gris, de beige et de brun. Les poils sont longs et la queue très fournie, cernée d'anneaux noirs et terminée par un toupet également noir. Le nez est rose, la taille et le poids légèrement supérieurs à ceux d'un chat domestique. Mais comme les jeunes chats sauvages sont évidemment plus petits, et que leurs rayures sont plus marquées, la confusion est quasi inévitable. En définitive, seule l'analyse génétique fait foi. En hiver, on peut du moins se fier à un indice supplémentaire : si l'animal a été aperçu à plus de deux kilomètres de la dernière maison, la probabilité qu'il s'agisse d'un authentique chat sauvage augmente fortement. Par temps froid, on le sait, les chats domestiques rechignent à trop s'éloigner de leur foyer bien chauffé ; le chat sauvage, lui, n'a d'autre option que de chercher un arbre creux où il se roulera en boule dans l'espoir de se réchauffer.

Pour observer les oiseaux, le meilleur endroit est sans doute le plus trivial : une « maison pour oiseaux » installée dans un jardin, avec libre-service de graines.

Jadis, j'étais contre. J'ai longtemps refusé d'en mettre une devant chez nous, comme le réclamaient nos enfants. Ce nourrissage d'hiver perturbe bien évidemment l'apport naturel en nourriture, et donc l'équilibre entre les espèces. La saison froide est normalement une période de disette : pour survivre, les espèces locales doivent migrer ou se contenter de la maigre nourriture encore accessible sous la neige et la glace. Aider les oiseaux à passer le cap, à grand renfort de boules de graisse et de graines de tournesol, c'est permettre à un plus grand nombre d'individus de passer l'hiver. Au printemps, quand les migrateurs font leur grand retour, la concurrence pour les insectes est plus rude – au détriment des voyageurs, que personne n'aura aidés. Quand ils arrivent épuisés par leur long périple, désireux de fonder une nouvelle famille, tous les lieux propices ou presque sont déjà occupés.

Voilà pourquoi j'étais contre. Je parle au passé, car j'ai fini par céder, et à contrecœur, j'ai construit un petit self-service pour oiseaux. Aussitôt, la fenêtre de la cuisine, devant laquelle j'avais installé la maisonnette peinte en rouge vif à la mode suédoise, est devenue un extraordinaire poste d'observation. Et j'en ai profité moi aussi. Car cet aimant à oiseaux a attiré de nombreuses espèces chez nous, y compris un vrai oiseau rare : le pic mar (*Dendrocopos medius*).

Pour survivre, ce cousin du pic vert, plus petit et orné de rouge, a besoin de vieilles hêtraies. Fort heureusement, mon district en comporte encore quelques-unes, aujourd'hui dûment protégées. Si le pic mar a besoin d'arbres vieux de plus de deux cents ans, c'est pour une raison très simple. Les jeunes hêtres ont une écorce lisse à laquelle cet oiseau est incapable de s'accrocher. Ce n'est qu'à un âge avancé que se forment enfin en surface des reliefs et fissures, on pourrait dire des rides, sur lesquelles ses griffes peuvent prendre appui.

Mais malgré la réserve de vieux hêtres implantée tout près de notre terrain, je n'avais encore jamais pu en voir un seul spécimen. Je m'en suis d'autant plus réjoui que ces pics ont pris l'habitude de venir nous faire de fréquentes visites.

Pour en revenir au nourrissage, une question se pose nécessairement : pourquoi s'en tenir aux oiseaux ? Si cette pratique pose problème pour les cervidés, dont les effectifs croissent dangereusement,

Cerfs au coucher du soleil, Grande-Bretagne.
Souvent extrêmement farouches, les cervidés sont un peu plus
faciles à approcher à deux périodes de l'année : la saison des amours
et la fermeture de la chasse.

pourquoi serait-elle acceptable pour de petits volatiles ? On est là face à un vrai dilemme que les lobbyistes ne manquent pas de mettre à profit. Depuis des années, en hiver, les journaux de ma région tirent la sonnette d'alarme : cette année, les cerfs sont affamés, et si on ne fait rien, ils vont mourir en masse. Imaginez un peu, les pauvres bêtes en sont réduites à entrer dans les étables pour voler le fourrage destiné au bétail ! Un collègue m'a même envoyé une photo prise avec son téléphone portable : à la porte d'une maison, on y voit un cerf piller la nourriture disposée pour les petits oiseaux. Moi non plus, de toute ma carrière, je n'avais jamais vu ça. Fallait-il donc intervenir, en déversant dans la forêt du foin, des carottes et de l'avoine pour aider ces grands herbivores ?

Ce réflexe est humain. Mais paradoxalement, c'est lui qui a créé cette situation. Comme nous le verrons un peu plus loin, au chapitre « La question de la chasse », le nourrissage par les chasseurs empêche l'hiver de jouer son rôle de régulateur naturel des populations animales.

Quand des animaux sont en surnombre par rapport aux capacités d'un écosystème donné, il n'y a rien d'anormal à ce qu'ils périssent pendant l'hiver. Cela peut nous paraître cruel, mais dans la nature, mourir de faim est un destin qui n'a rien de rare. C'est ainsi qu'une population d'herbivores se maintient à l'équilibre. La pitié, et le nourrissage artificiel qui l'accompagne, ne servent qu'à faire survivre un trop grand nombre d'animaux, et le problème ne peut que s'aggraver d'une année sur l'autre. En outre, cela contribue à la multiplication des parasites tels que les vers intestinaux, qui affaiblissent grandement les cerfs, biches et autres chevreuils, ou les tiques, dangereuses pour l'homme. C'est la raison pour laquelle, dans la plupart des régions, il est strictement interdit d'alimenter les animaux sauvages par des apports de produits agricoles. Mais les contrôles sont si rares que la réglementation est souvent contournée : c'est ainsi que le cercle vicieux se perpétue.

En zone de moyenne montagne, dès que la neige s'installe pour quelques semaines, les individus les plus faibles ne tardent pas à succomber. Aussitôt, les chasseurs demandent l'autorisation de déverser de grandes quantités d'aliments dans les zones boisées. Ils savent se montrer persuasifs envers les autorités locales, voire les enfants des écoles, et finissent par obtenir que le règlement soit assoupli. Mais en pratique, il est trop tard : le temps d'affronter la jungle de l'administration, la neige a eu tout le temps de fondre, et la période critique est passée. Si ces apports d'aliments n'ont pas grand intérêt pour l'observation, ils font en revanche la joie des écureuils, des sangliers, ou même des prédateurs comme le loup. Aux risques et périls de ce dernier : en le poussant à trop s'approcher des humains, on déclenche à plus ou moins long terme des abattages réglementaires.

Heureusement, il existe une meilleure façon d'observer les animaux de la forêt, et bien plus romantique : l'équitation.

Si les chasseurs ne voient finalement que très peu d'animaux, c'est que ceux-ci se méfient des prédateurs à deux pattes – comme nous l'avons vu dans le chapitre « À travers bois ». Les piétons ordinaires, moins lourdement équipés, ont meilleure presse dans la forêt ; mais ce sont encore les cavaliers qui s'en tirent le mieux, puisqu'il leur arrive souvent de voir une biche ou un chevreuil. Après tout, les chevaux sont eux aussi des herbivores, et donc des êtres inoffensifs. Comme j'ai pu le constater dans la réserve du Serengeti, en Tanzanie, les animaux sauvages se soucient fort peu de leurs voisins du même type, mais d'une espèce différente : chacun mène sa petite vie sans se soucier des autres. Si un humain s'avise de se hisser sur le dos d'un cheval, il est considéré comme faisant corps avec la bête. Cette discrétion, alliée à l'avantage de la position en hauteur, augmente fortement les

**Pic épeiche (à gauche)
et pic mar (à droite), Allemagne.**
J'ai fini par céder à mes enfants :
j'ai installé une « maison à oiseaux »
dans mon jardin. Depuis, le pic mar,
petit cousin du pic vert et véritable
oiseau rare, nous rend
de fréquentes visites.

chances d'apercevoir les animaux sauvages. Certes, les chevaux sont de taille imposante, et nous sommes nombreux à en avoir peur – moi le premier. Un coup de sabot, on le sait, peut pulvériser un genou ou un tibia. Mais avec le temps, j'ai fini par me familiariser avec les chevaux, surtout depuis que j'en ai chez moi. L'idée ne vient pas de moi, vous l'aurez compris, mais de ma femme, qui avait toujours rêvé de vivre avec des chevaux. Pour que le cheval de ma femme ne reste pas seul, nous en avons acheté un deuxième, et comme il fallait bien le monter, j'ai fini par surmonter mon appréhension. C'est donc à Bridgi, notre jeune jument, que je dois mes premières balades à cheval, et le plaisir de voir le monde d'un peu plus haut.

On pourra objecter qu'une voiture accroît aussi les chances d'observer les bêtes sauvages. Vous en avez peut-être fait l'expérience : comme les véhicules ne sont pas pour eux associés à une menace, les cervidés n'hésitent pas à venir brouter l'appétissante verdure qui borde nos autoroutes et nationales, ce qui occasionne d'ailleurs bon nombre d'accidents.

Dans votre voiture, vous êtes plus bas qu'à cheval ; en contrepartie, vous ne craignez pas les intempéries. Précisons que cela fonctionne uniquement parce qu'il est interdit de tirer depuis un véhicule. Les animaux sauvages n'ont pas appris à associer une carcasse de tôle au danger. Le seul hic est qu'en principe, il est interdit de sillonner la forêt en voiture. Mais à la tombée du soir, une petite virée sur nos bonnes vieilles routes de campagne est souvent plus fructueuse qu'une longue attente dans un affût parmi les arbres.

Jusqu'ici, nous n'avons évoqué que les espèces aisément observables à l'œil nu. Trop souvent, c'est à partir de ces seules espèces que les profanes, mais aussi les spécialistes, se représentent la biodiversité. Tant pis pour les petites bestioles qui échappent aux instruments d'optique dont notre corps est équipé, et que nous déprécions presque toujours : qui peut bien s'y intéresser ? Entre l'aigle et le scarabée, entre le lynx et le collembole, on sait à qui ira la sympathie des foules. Et pourtant, le sol de nos forêts mérite bien un coup d'œil. Surtout avec une bonne loupe.

Dans les forêts anciennes de ma commune de Hümmel, on a identifié récemment un sympathique coléoptère amateur de bois mort, le *Trachodes hispidus*. Son nom latin ne vous inspire peut-être pas grand-chose, mais cet être discret n'en est pas moins intéressant. Il est petit, mais spectaculaire, avec sa trompe d'éléphant et son dos hérissé d'écailles[2]. L'Iroquois, comme je l'appelle désormais, est un coléoptère qui ne sait pas voler, et à vrai dire, cela ne lui servirait pas à grand-chose. Cette espèce très ancienne vit, sans surprise, dans des écosystèmes très anciens, inchangés depuis des dizaines de milliers d'années. Si son lieu de vie est perturbé, il raidit ses petites pattes pour mieux faire le mort. Parmi les feuilles tombées et les brindilles du sous-bois, sa couleur brune offre un parfait camouflage. Il échappera donc facilement à un œil non averti.

Pour ma part, je trouve de telles espèces particulièrement intéressantes, dans la mesure où leur présence est la preuve qu'une forêt de feuillus est bien l'héritière directe de nos forêts primaires en grande partie disparues. Contrairement à la plupart des terres boisées d'Europe, qui furent au fil de l'histoire défrichées, labourées et transformées en pâture avant que nos ancêtres les replantent d'arbres, il s'agit là de sols anciens jamais détruits, les seuls dans lesquels notre petit Iroquois se sente comme un poisson dans l'eau. Peut-être devrait-on proposer au public des sorties encadrées par un guide professionnel à la découverte de nos coléoptères ? Ces timides créatures le valent bien.

Si aucun animal ne veut se montrer, les plantes, elles, sont toujours candidates à l'observation. Et si elles ne bougent pas, cela ne les rend pas moins intéressantes à découvrir.

Tous aux champignons !

Dans nos forêts, les droits du promeneur ne se limitent pas à celui d'entrer librement. Outre le droit de vous balader comme bon vous semble, vous êtes également libre, si vous voyez quelque chose de comestible, de le ramasser pour en profiter*. Dans quel autre contexte jouirait-on d'un tel droit ? Imaginez que vous ayez un petit jardin comprenant une plate-bande de fraises. Au moment où les fruits sont bien mûrs, une famille totalement inconnue pousse votre portail et remplit son joli panier en osier. Après leur départ, il ne reste plus rien, et vos rêves de confiture maison s'envolent. Dans la réalité, venir se servir dans votre jardin est strictement interdit – mais dans votre jardin seulement. Si c'est d'une forêt que vous êtes l'heureux propriétaire, vous devez non seulement tolérer le passage, mais aussi la cueillette de tous les fruits. Avec une petite restriction : en Allemagne, on ne peut ramasser que la quantité nécessaire à un

---

* En France, le ramassage est régi par le Code forestier. En principe, il convient d'obtenir l'accord du propriétaire du terrain privé, mais dans le cas d'une zone boisée, « l'autorisation est présumée lorsque le volume prélevé n'excède pas cinq litres ». Toutefois, les préfets et les maires prennent parfois des arrêtés pour interdire ou limiter la cueillette, notamment dans le cas des myrtilles et des champignons.

seul repas. Et pour décorer la table, il est aussi permis de faire un petit bouquet de fleurs.

On pourrait souligner que ce n'est pas le propriétaire qui a planté les mûres, fraises des bois ou champignons que l'on trouve sur ses terres : ils ont poussé tout seuls, là où ils se sentaient bien. Il n'empêche qu'en tant que produits de sa parcelle, ils appartiennent au propriétaire. Mais comme la forêt couvre une partie importante du paysage et que des restrictions trop fortes nuiraient aux loisirs de la population, le droit de la propriété a été aménagé. Le principe retenu est de faire primer l'intérêt général sur les intérêts particuliers. Mais il existe tout de même une limite, et dans le cas des champignons surtout, celle-ci est trop souvent dépassée. Il m'arrive régulièrement de voir des minibus se garer en pleine forêt ; cinq, six ou sept personnes en sortent, armées de seaux en plastique, pour partir à l'assaut des sentiers. Et pas seulement des sentiers : les ramasseurs passent le moindre centimètre carré de la parcelle au peigne fin, si bien qu'il ne reste littéralement plus un seul champignon comestible après leur départ. Les seaux sont régulièrement vidés dans de grandes panières à linge en plastique, et l'opération se répète pendant toute la journée.

Ce n'est pas seulement un manque de respect pour les autres amateurs de champignons : c'est aussi une pratique interdite par la loi. En effet, premièrement, la limite d'un repas est allègrement transgressée, deuxièmement, la cueillette est à but lucratif. Savez-vous, par exemple, que les cèpes se vendent aux restaurateurs jusqu'à 50 euros le kilo ? On en déduit aisément combien peut rapporter la journée de récolte de notre minibus. J'estime pour ma part qu'à l'automne, une bonne partie des plats contenant des champignons dans les restaurants locaux sont préparés à partir de ces cueillettes illégales. Une peccadille ? Je ne suis pas de cet avis, car ces abus mettent en péril le principe du libre accès de tous à ce qu'offre la forêt. La lutte contre ces délits est particulièrement difficile pour un garde forestier : comment empêcher un groupe de ramasseurs aguerris de tout rafler sur leur passage ? On peut toujours signaler leurs agissements aux autorités en relevant le numéro de leur plaque minéralogique, mais l'issue est bien incertaine, et quand bien même la procédure irait jusqu'au bout, le contrevenant ne risquerait finalement qu'une amende à deux chiffres.

Les champignons sont des êtres tout à fait singuliers. Comme la science ne sait toujours pas exactement où les classer, elle distingue désormais les êtres vivants en trois catégories : les plantes, les animaux et les champignons. Comme les animaux, les champignons ne savent pas produire eux-mêmes leur nourriture et sont dépendants de la substance organique d'autres êtres vivants. Comme les insectes, la paroi de leurs cellules est en partie constituée de chitine ; en revanche, ils n'ont pas de système nerveux central. Pour les arbres, les champignons sont des partenaires importants. Ils les aident dans leur recherche d'eau et d'éléments nutritifs, en enveloppant et même en colonisant les fines extrémités de leurs racines. Leur consistance ouateuse en accroît considérablement la surface utile, et une quantité bien plus grande de substances d'importance vitale est ainsi captée par l'arbre. Par la même occasion, ils préservent leurs amis forestiers des substances toxiques, comme les métaux lourds, et forment une efficace barrière contre les autres champignons, ceux qui pourraient leur être nocifs.

Mais ce n'est pas tout : les arbres communiquent par leurs racines et se préviennent, par exemple, d'une attaque d'insectes en cours ou d'une sécheresse imminente. Comme leurs propres antennes souterraines ne peuvent pas atteindre les recoins les plus éloignés, c'est le réseau des champignons, appelé mycélium, qui prend le relais pour propager plus loin leurs messages. C'est ce que certains scientifiques ont appelé le «Wood Wide Web», autrement dit l'Internet de la forêt. Les services des champignons sont royalement récompensés : près d'un tiers de la production totale d'un arbre profite à ses discrets assistants, principalement sous forme de glucides. Un tiers de la production, cela correspond à peu près à tout le bois qui constitue le tronc (le reste allant à la formation des branches, avec les feuilles et les fruits qui y poussent). Ce concentré d'énergie, les champignons l'utilisent non seulement pour leur survie quotidienne, mais aussi pour la production de leurs fruits. En effet, les «champignons» que vous récoltez sont en réalité des fruits du champignon, autrement dit l'équivalent des pommes qui poussent sur un pommier. L'essentiel du champignon se développe sous la terre, avec son réseau de minces filaments blanchâtres qui se connectent à de nombreux végétaux.

Si l'on prend en compte le mycélium, un champignon peut ainsi atteindre des proportions gigantesques. Le plus gros jamais découvert est un armillaire noir (*Armillaria ostoyae*) qui pousse dans la Malheur National Forest de l'Oregon, aux États-Unis. Ce champignon s'est étendu sur neuf kilomètres carrés et pèse au minimum 600 tonnes, ce qui en fait le plus grand être vivant connu sur la Terre. Quant à son âge, il est estimé à plusieurs milliers d'années[3]. Notons cependant qu'il ne se montre pas particulièrement prévenant envers les arbres des environs, qu'il tue pour assurer sa propre subsistance.

Vous êtes-vous déjà demandé pourquoi les champignons formaient leurs fruits principalement en automne ? C'est du côté des arbres qu'il faut chercher la réponse. Les fruits de la plupart des champignons comestibles de nos forêts sont produits indirectement à partir du sucre des arbres, et pour cela, il faut que l'arbre en ait livré suffisamment. Au printemps et en été, l'arbre en a besoin lui-même pour produire ses feuilles, ses nouvelles pousses et ses fruits. À la fin de l'été, cependant, la plupart des arbres ont déjà fait suffisamment de réserves pour l'hiver et pour le printemps suivant. Une part plus importante de leur production peut donc être dévolue à leurs partenaires souterrains, qui se mettent à leur tour au travail. Et c'est ainsi qu'apparaissent les délicieux « champignons » que vous (ou les professionnels sans scrupules que j'ai décrits plus haut) vous ferez une joie de ramasser.

Les autres fruits de nos forêts sont moins convoités que les champignons, et intéressent moins les gens en quête de profit. Les mûres, les framboises, myrtilles, prunelles ou noisettes ne sont pourtant pas à dédaigner, non plus que les pommes sauvages à la saveur âpre, dont on tire une savoureuse gelée. Mais une autre question se pose : en les ramassant, ne porte-t-on pas préjudice aux animaux des bois ? Sangliers, chevreuils, oiseaux, escargots et insectes ne dépendent-ils pas de ces fruits, et ne risquent-ils pas d'avoir du mal à remplacer ces calories manquantes ? En ce qui concerne les champignons, la réponse est simple : oui, le grand vide laissé par les troupes de ramasseurs professionnels est vraiment préjudiciable à la nature. Si toutefois, de votre côté, vous ne prélevez que de quoi faire une petite poêlée, en laissant sur place les spécimens qui paraissent véreux ou déjà grignotés par d'autres, il en restera toujours assez pour les bêtes – sans compter tous les champignons que vous n'aurez pas vus ! Pour les baies sauvages, c'est un peu différent : de toute façon, la plupart d'entre elles, à l'origine, étaient absentes de nos forêts. Mûres, myrtilles ou prunelles, toutes ont besoin de bien plus de lumière que n'en offrent nos forêts primaires de feuillus. Seule l'exploitation forestière, avec ses coupes rases, amène assez de soleil au sol pour que ces plantes s'épanouissent. Sans le vouloir, forestiers et bûcherons ont fait des clairières une sorte de milieu artificiel où prospèrent des fruits que personne n'a jamais plantés. Pour les animaux sauvages, cette offre de nourriture n'a donc rien de naturel, et vous ne devez donc pas hésiter à vous servir vous aussi.

Jadis, la situation était plus problématique, car on ramassait encore bien plus de choses dans la forêt. Après la Seconde Guerre mondiale, surtout, on manquait à ce point de matières grasses que, dans les bois, on venait chercher les faînes de hêtre. Or, le cycle naturel fait que la plupart du temps, celles-ci sont rares ; les animaux ont grand besoin de ces petites bombes caloriques pour passer l'hiver qui suit. Dans l'urgence, la population des villages usait de méthodes brutales. Plutôt que d'attendre que les graines tombent d'elles-mêmes, on frappait les troncs des hêtres à grands coups de maillet, et tant pis pour les graves blessures que cela infligeait aux arbres. De même, après la guerre, la récolte de bois de chauffage, et surtout du bois mort dont on faisait des fagots, est devenue intensive, ce qui n'a pu que nuire à l'équilibre de la forêt. En effet, les petites branches sont proportionnellement plus riches que le reste du bois en écorce, et donc en éléments nutritifs. Les ramasser systématiquement constituait une véritable saignée de la forêt, en raison de laquelle toute une petite faune ne trouvait plus de quoi se nourrir. Si on y ajoute le ratissage des feuilles mortes, qu'on utilisait pour garnir les étables et écuries, cette activité de récolte a tellement appauvri les sols qu'elle a fini par être interdite : en principe, c'est encore le cas aujourd'hui. En principe seulement, car elle fait son retour par la bande, et ce dans des proportions industrielles. Avez-vous entendu parler des « rémanents » ? Ce mot magique désigne tout ce qui, après une coupe, n'est pas utilisable sous forme de grumes. La partie aérienne de l'arbre, c'est-à-dire les branches avec ou sans feuillage, est collectée et liée par des machines, puis mise à sécher en bordure de route. Quelques mois plus tard arrive une broyeuse qui déchiquète le tas de branchages pour en faire des copeaux ou des « plaquettes forestières ». On déverse

Symbiose arbre-champignons, France.
Pour les arbres, les champignons sont des partenaires importants : ils les aident dans leur recherche d'eau et d'éléments nutritifs, les préservent de substances toxiques et propagent les messages véhiculés par leurs racines.

le tout dans un camion, et en route pour une centrale de biomasse, où tout ce petit bois sera transformé en électricité verte. Du point de vue de la forêt, quelle différence entre la petite grand-mère qui vient chercher chaque jour le fagot qui alimentera son fourneau et le passage de ces mastodontes qui opèrent de façon entièrement automatisée ? À tout prendre, le ramassage artisanal était sans doute le moins dommageable.

Il est une espèce de pilleurs de forêt qui n'apparaît qu'avant les fêtes de Noël. Ce qu'ils convoitent, ce sont les jolis tapis verts qui embelliront votre crèche : la mousse. Bien entendu, il n'y aurait rien à redire si le but était juste d'en prendre quelques plaques pour donner une touche de romantisme à leur intérieur – tant pis pour les petites bestioles qui seront aussi du voyage. Les tardigrades, par exemple. Ces êtres minuscules, parfois appelés oursons d'eau, mesurent moins d'un millimètre de long, et nous réservent bien des surprises. Lorsqu'ils manquent d'eau et se dessèchent (dans votre crèche, par exemple), ils se recroquevillent, rentrent leurs petites pattes et deviennent indestructibles. Froid extrême, canicule : leur organisme résiste à tout. Dès que les températures redeviennent plus clémentes, il suffit d'une goutte d'eau pour que les courtes pattes ressortent et que le tardigrade reprenne ses activités comme si de rien n'était[4]. Même un tour dans l'espace infini ne ferait, dit-on, ni chaud ni froid à un tardigrade. Après usage, remettez donc les plaques de mousses plus ou moins desséchées à l'extérieur de la maison, et vous ferez le bonheur de leurs minuscules habitants.

En revanche, je me montre moins tolérant lorsque je tombe, là encore, sur des ramasseurs professionnels. Munis de grands filets à oignons, ils décollent de larges plaques de mousse et en remplissent leur camionnette, pour les vendre au prix fort sur les marchés de Noël au grand détriment de la forêt. Dans mon district, je fais respecter strictement l'interdiction de se livrer à ce genre de pratiques, auxquelles on peut ajouter l'arrachage de plantes et la mise en pots pour la revente. Ces abus mettent en péril le droit d'accès dont jouissent l'ensemble des citoyens, et l'autorisation générale de la récolte de fruits, de champignons ou de fleurs pour l'usage personnel. Régulièrement, dans différents pays, on entend des voix s'élever pour l'interdiction totale du ramassage en forêt. C'est aussi pour cela qu'à mes yeux, les agissements de ces commerçants sans scrupules ne sont pas anecdotiques. Il faut citer le cas de la Scandinavie, où s'applique une autre réglementation. Le principe du « droit de chacun » est encore plus largement entendu qu'en Allemagne : outre les droits rappelés plus haut, les Scandinaves peuvent aussi planter leur tente et bivouaquer où bon leur semble. Certaines zones sont naturellement interdites, comme les propriétés privées signalées comme telles aux abords immédiats des habitations ; mais les vastes forêts et les rives des milliers de lacs qu'offrent ces pays sont à la disposition de tous. Il est même possible d'y faire du feu, sauf par grande sécheresse. J'ai eu plusieurs fois la chance d'apprécier la générosité de cette réglementation, notamment lors d'une expédition récente dans le parc national de Sarek, au nord de la Suède, que l'on appelle souvent « la dernière zone vierge d'Europe ». Alors que, dans la plupart des pays d'Europe, il faut désormais s'assurer qu'on a bien le droit de planter sa tente, en Laponie, le camping sauvage n'est pas un vain mot : on peut encore sillonner les montagnes en toute liberté et se réveiller en pleine nature. Or, cette précieuse liberté ne pourra durer que si les touristes comme les habitants font un usage respectueux de la confiance qu'on leur accorde.

Qui s'y frotte s'y pique !

L'hiver a bien des avantages. Dans la forêt, tout est étonnamment calme. Les promeneurs se font rares, les ramasseurs de champignons ont depuis longtemps remisé leur panier, et passé le mois de janvier, on ne croise plus le moindre chasseur. Surtout, on est débarrassé des mouches, moustiques ou moucherons piqueurs (aussi petits qu'insupportables). Naturellement, ils sont toujours là, mais ils sommeillent paisiblement en attendant le printemps. Quand les températures remontent, il faut encore attendre le milieu du mois de mai pour que se reconstituent des populations plus vastes de vampires miniatures. Ce sont surtout les semaines où se cumulent températures clémentes et humidité qui accélèrent l'explosion démographique – en quinze jours, chaque œuf pondu aboutira à un insecte volant prêt à piquer. Les petites mares ou même les flaques d'eau suffisent à fournir aux larves de moustique un habitat approprié. Moustiques et mouches raffolent de l'air humide. Le matin, donc, quand le soleil monte sur les prairies mouillées de rosée, est le moment où ils se sentent le mieux. Ils n'apprécient en revanche ni l'air sec ni la canicule, mais il leur reste en pareil cas un refuge salvateur : la forêt. Sous le couvert des arbres, le taux d'humidité de l'air reste bien plus haut qu'ailleurs, et l'ombre est omniprésente. Si, un jour de grosse averse, vous cherchez un endroit idéal pour votre pause déjeuner, ne vous aventurez pas trop loin dans la forêt : préférez une clairière – qui offre de l'air frais tout en vous protégeant du soleil. Ou mieux encore : un lieu exposé à tout vent, car c'est tout ce que les mini-pilotes détestent. En plein vent, ils ont du mal à s'orienter vers leurs victimes, et au moment de se poser, ils sont toujours emportés un peu trop loin.

Le moment de la journée est aussi d'une grande importance : ils apprécient le soir et le matin, donc quand le soleil est encore faible et l'humidité bien plus élevée qu'à l'heure du déjeuner (celle que les moustiques et leurs amis aiment le moins). Sauf dans la forêt, qui reste toujours attirante pour eux, surtout après une bonne averse. Un conseil : évitez à tout prix de vous faire un shampoing juste avant de partir en promenade. Les insectes volants adorent l'odeur du shampoing, et dès que vous ferez un pas dehors, ils se jetteront sur vous. Si vous ne voulez pas vadrouiller avec les cheveux sales, mettez au moins un chapeau ou une casquette en sortant de la douche (horrible mise en plis garantie !).

Mais il y a aussi les taons. Manque de chance, ils n'ont absolument pas les mêmes goûts, puisqu'ils préfèrent le plein soleil de midi. Quand vous vous réfugierez en terrain découvert pour échapper aux mouches et aux moustiques, peut-être les taons seront-ils là à vous attendre. J'en ai fait l'expérience lors d'une petite balade avec mon frère dans le parc national de l'Eifel. Le temps était magnifique et le chemin serpentait joliment en bordure d'un ruisseau entouré de prairies. C'est là que, sur plusieurs kilomètres, mon frère a été si violemment attaqué par des taons que nous avons dû rebrousser chemin. Il faut savoir que les taons peuvent être vraiment teigneux. D'accord, ils n'y peuvent rien, c'est dans leur nature. Mais ces attaques répétées, cette façon de se poser tout doucement sur la peau avant la piqûre si douloureuse – il faut vraiment être un grand ami des bêtes pour ne pas leur en vouloir. Si vous devez choisir entre la peste et le choléra, entre les taons et les moustiques, donc, choisissez plutôt les moustiques et retournez sous les arbres. Comme ils ne supportent pas l'ombre, les taons vous laisseront tranquille.

Si vous ne pouvez pas choisir (par exemple parce que vous faites partie d'un groupe et que l'organisateur n'avait pas prévu ce genre d'incidents), vous pouvez tout de même minimiser les dégâts en prévoyant des vêtements adaptés. Les fabricants d'équipements de randonnée proposent des chemises et des pantalons en tissu garanti anti-piqûres d'insectes. J'ai eu l'occasion d'en tester plusieurs lors de mes voyages en Laponie, et c'était assez efficace. Ce qui ne m'a pas empêché de rentrer de certaines expéditions avec plus de quarante piqûres de moustiques géants (tandis que les nôtres ne mesurent d'ordinaire que quelques millimètres de long). Le point faible n'était ni la chemise ni le pantalon, mais les chaussettes : les insectes n'avaient pas tardé à s'en apercevoir et m'avaient harcelé à travers les mailles de laine noire.

Autre solution : les répulsifs chimiques. Avec ces produits, aucune zone ne reste exposée. Dans le doute, on peut même pulvériser ses cheveux et ses vêtements s'ils n'offrent pas de protection spéciale. Mais attention : ces produits contiennent parfois des substances capables de dissoudre certaines fibres textiles. Et ce n'est pas tout : certains composants, comme le DEET (diéthyl-m-toluamide), ne tapent pas seulement sur les nerfs des moustiques mais aussi sur les vôtres, au sens propre du terme. En effet, ils traversent lentement la barrière cutanée puis se retrouvent dans le sang, ainsi que dans le système nerveux. Démangeaisons et sensations d'engourdissement sont des conséquences bénignes ; mais, plus grave, ces produits sont soupçonnés de causer des dommages cérébraux. Il vaut donc mieux privilégier des répulsifs à base végétale, par exemple ceux contenant de l'huile de cèdre. Mais, avec le temps, on finit par s'habituer aux odeurs les plus puissantes ; les insectes piqueurs semblent aussi être de cet avis. L'effet répulsif reste limité et diminue au bout de quelques heures, si bien qu'il faut renouveler l'application. Comment se protéger de façon vraiment efficace ? Une bonne option peut être de porter des vêtements adaptés sur la majeure partie du corps, et de limiter aux zones vulnérables (chevilles, mains, visage et cou) l'application d'un répulsif chimique efficace, en choisissant une marque bien notée par les organismes indépendants de certification. Face aux moustiques (mais pas face aux taons ni aux tiques), on peut aussi compter sur le courant d'air créé par notre déplacement : seules les pauses prolongées seront des moments à risque pour lesquels il faudra prévoir une protection adaptée.

Quand on s'apprête à camper dans les bois, il faut aussi prendre garde à d'autres insectes : les fourmis rousses des bois. Normalement, sous nos latitudes, ces favorites des protecteurs de la nature sont rares. Pourtant, avec l'avancée triomphale de l'épicéa et du pin, et le remplacement de nos forêts par des plantations, ces bestioles redoutables ont tendance à prendre leurs aises. On les appelle parfois « la police de la forêt », et elles ont la réputation de prendre en charge aussi bien les cadavres d'animaux que les nuisibles. Le fait est que tout ce qui n'a pas la présence d'esprit de déguerpir succombe vite à leurs grandes pinces coupantes, avant d'être collectivement acheminé jusqu'à la fourmilière. Au cœur de cette vaste habitation vivent les reines, qui s'emploient exclusivement à pondre des œufs et à se faire nourrir par les autres. Le plus gros monticule de mon secteur, abandonné depuis, mesurait près de cinq mètres de diamètre. Et encore, l'infrastructure complète est presque deux fois plus grande, puisqu'elle occupe à peu près le même volume en sous-sol.

Les fourmis rousses des bois disposent d'un astucieux système de climatisation : quand elles ont trop froid à l'intérieur, elles sortent se chauffer au soleil. Au bout d'un moment, les insectes réchauffés retournent à l'intérieur, où la chaleur se diffuse autour d'eux. En hiver, tout le monde reste bien à l'abri dans les profondeurs de la fourmilière, et la colonie n'est dérangée que par les pics verts et les sangliers en quête de larves et de chaleur. Les brèches ainsi ouvertes dans la fourmilière seront réparées au printemps par l'ajout de nouvelles aiguilles de résineux. Hors des aiguilles, point de salut ! Elles sont indispensables à la survie de l'espèce, qui serait incapable de survivre parmi les feuillus. Nul ne les a jamais vues construire une hutte garnie de feuilles, et dans nos forêts originelles principalement constituées de hêtres, ces insectes fondateurs de cités ne pourraient pas exister : c'est une espèce opportuniste, étroitement liée à la présence humaine. Pourtant, il faudrait absolument, nous dit-on, protéger les fourmis rousses des bois. C'est là que l'expression « la police des bois » arrive à point nommé. Les forestiers, surtout, leur sont reconnaissants de les débarrasser des bostryches et autres coléoptères. Il est vrai que les années où les attaques sont massives, quand des forêts entières succombent aux petits envahisseurs, on peut parfois apercevoir un îlot de résineux restés verts. En s'approchant, qu'aperçoit-on au milieu ? Une fourmilière, dont les habitantes exterminent tous les coléoptères des environs. Et pas seulement les espèces considérées comme nuisibles, car elles dévorent absolument tout, y compris les chenilles des papillons strictement protégés, telle la thècle du chêne (*Neozephyrus quercus*). Entre nos étiquettes « nuisibles » ou « utiles », la nature ne fait pas la différence.

Dans le paysage environnant, les fourmis tracent de longues routes. Pour accélérer leurs déplacements, tous les obstacles se trouvant sur ces itinéraires sont écartés, ce qui rend d'ailleurs le réseau routier des fourmis repérable à l'œil nu, en tout cas à proximité immédiate du monticule. Plus le tas est gros, plus les insectes travailleurs écument les environs. Et plus grande devra être la distance que vous laisserez entre votre campement et la fourmilière. Pour nous, les fourmis rousses ne sont pas dangereuses, mais tout de même très désagréables. Contrairement à d'autres espèces, elles sont dépourvues de dard et mordent juste pour se défendre. Pour plus d'efficacité, elles en profitent pour diffuser un peu d'acide formique. Un jour, non contente d'escalader ma chaussure, l'une d'elles s'est invitée dans ma jambe de pantalon et attaquée à un coin bien sensible (aïe!) alors que j'étais au volant. Pour parer à toute éventualité, il vaut donc mieux rentrer le bas de son pantalon dans ses chaussettes. Si vous devez rester à proximité d'une fourmilière, la meilleure solution est encore de courir sur place. En effet, dès que le pied est en mouvement, les fourmis préfèrent généralement en descendre.

De près, la fourmilière offre un spectacle passionnant: voir les fourmis se presser aux différentes entrées ou se chauffer au soleil de l'après-midi tout autour, et bien sûr s'aviser de tout ce qu'elles sont capables de transporter… Ce petit peuple est passionnant à observer. Si vous n'avez jamais senti l'odeur puissante de l'acide formique, c'est une expérience à faire. Posez brièvement la main sur une zone fréquentée par de nombreuses fourmis. Vous les verrez rentrer leur abdomen entre leurs pattes arrière pour asperger votre peau d'acide. Au bout de deux ou trois secondes, secouez la main pour en chasser toutes les fourmis, placez-la juste sous votre nez et sentez. Le parfum est si pénétrant que la sensation est presque douloureuse.

Il y a donc moyen d'échapper aux fourmis, et pour les moustiques, mouches et autres taons, de limiter un peu les dégâts. «Ce qu'il faudrait pour nous débarrasser de toutes ces bestioles, c'est un bon gros hiver!» Voilà une remarque que j'entends très souvent: outre le fait

Fourmilière, Finlande.
Les fourmis rousses des bois, parfois appelées
« police de la forêt », prennent volontiers leurs
quartiers dans les forêts de résineux. Les monticules
où elles habitent et installent leur reine peuvent
atteindre plusieurs mètres de diamètre.

que je n'aime pas dire du mal des bêtes, si agaçantes soient-elles, ce n'est pas une bonne idée. En effet, les hivers rigoureux ne font absolument aucun mal aux insectes. Les plus gros bataillons de moustiques de la planète habitent la zone arctique, où il fait nettement plus froid que chez nous. La prochaine fois que vous regarderez un reportage sur le Grand Nord, pensez-y : des nuées de moustiques environnent les caméras et se pressent devant l'objectif. Ce qui dérange le plus les insectes, ce qui nuit à leur santé, c'est exactement la météo qui nous tape sur les nerfs : un hiver où la température descend à peine au-dessous de zéro, une pluie persistante qui détrempe tout. Tandis que nous nous enrhumons, les insectes engourdis par le froid sont la cible de champignons et de bactéries qui ne leur laissent souvent aucune chance. Il en va de même pour des animaux de plus grande taille : un printemps froid et pluvieux peut les mettre en péril, car leurs petits ont absolument besoin de chaleur pour survivre.

Revenons-en à nos parasites forestiers. Nous n'avons pas encore parlé des tiques ? C'est exact : comme celles-ci représentent un danger de plus en plus sérieux, elles ont droit, dès la page suivante, à un chapitre entier.

SOS tiques !

Les forêts sont des espaces naturels dépourvus de danger, du moins en Europe. Les grands prédateurs y ont été exterminés (nous reviendrons un peu plus loin sur le cas du loup) et les bandes de brigands qui détroussaient les voyageurs appartiennent aussi au passé. Quant aux bêtes venimeuses, la nature s'en est montrée plutôt avare dans nos contrées, si bien que nos paysages naturels, en termes de risques, ne sont guère différents de nos paisibles jardinets. Nos instincts censés guider nos réactions face aux dangers se trouvent donc, si j'ose dire, au chômage technique. Comment s'étonner qu'ils cherchent des occasions de s'exercer ? La grosse bête qui fait peur étant devenue denrée rare, nos angoisses se concentrent sur les petites bêtes.

Au moment d'aller se mettre au vert, surtout en été, la question fuse : « Et les tiques ? Il y en a beaucoup ? » Ces bestioles sont devenues les fantômes qui hantent les forêts d'Europe, tapis un peu partout, prêts à nous tomber dessus à la moindre occasion. Autant le dire tout de suite : ce chapitre ne sera pas entièrement rassurant. Ces petits arachnides sont bel et bien dangereux, même si, là encore, ce n'est pas leur faute.

Ma première rencontre avec ces parasites date de mes débuts

dans le métier, quand je venais de prendre mon poste aux services de gestion forestière du Land de Rhénanie-Palatinat. On m'avait alors confié un district réservé aux gardes forestiers en formation, dans lequel je devais effectuer mon année de stage pratique. Les nombreuses tâches qui m'incombaient se déroulaient la plupart du temps en extérieur. Le premier jour, je me suis présenté dans ma tenue habituelle, qui me paraissait très pratique : jean bleu, veste bleue (ma couleur préférée). Mais, dès mon arrivée, j'ai senti qu'on me regardait de travers : un forestier en bleu ? On n'avait encore jamais vu ça ! Piqué au vif, dès le samedi suivant je suis allé m'équiper dans un magasin pour chasseurs, où j'ai fait l'acquisition de culottes traditionnelles de type « knickerbockers », d'une chemise ornée de têtes de cerf et d'une veste militaire – le tout dans les tons vert bouteille. Finis les regards de travers – et pourtant, j'étais encore très mal équipé, comme je n'allais pas tarder à l'apprendre. Pour aller avec les culottes de velours, ma mère m'avait tricoté de longues chaussettes en laine qui grattaient bien comme il faut sous le soleil estival. Peu importe, ce matin-là, je me sentais pleinement investi de ma mission forestière, et j'étais d'excellente humeur, en allant inspecter une zone de coupe récente. C'est alors que j'ai remarqué de tout petits points sur mes jambes – des tiques ! En voulant les arracher, je me suis aperçu qu'à travers les chaussettes, elles s'étaient solidement accrochées dans ma peau. À la cinquantième tique, j'ai arrêté de compter, et je me suis dépêché d'enlever toutes celles qui restaient.

Avec le recul, je comprends les deux erreurs fondamentales que j'ai faites. Tout d'abord, la tenue : les tiques se tiennent principalement dans la partie basse de la végétation, c'est-à-dire environ jusqu'à la hauteur de nos genoux. Or, j'avais laissé toute cette zone sans protection, puisque se glisser à travers les grosses mailles d'un tricot fait main est un véritable jeu d'enfant pour une tique. Deuxième erreur :

le moment de la journée. En effet, les chevreuils aiment particulièrement l'herbe haute et les petits buissons, et comme ils sont les hôtes principaux des tiques, celles-ci se massent dès le lever du jour pour s'accrocher à leur pelage dès leur premier passage dans l'herbe.

Un conseil : le risque de récolter ces invités indésirables diminue fortement avec une tenue adaptée, et en restant sur les chemins. Les tiques sont bien incapables de se laisser tomber des arbres sur leurs victimes comme on le croit parfois, sans quoi, étant donné leur légèreté, le moindre souffle de vent suffirait à les emporter à plusieurs mètres de là. Pour qu'une tique puisse se fixer, il faut un contact direct, comme lorsqu'on marche dans les broussailles des sous-bois. Mais pas de panique, les petits vampires ne vous guettent pas sur n'importe quel buisson ou touffe d'herbe. Elles pourraient attendre longtemps, et même si une tique peut rester près d'un an sans se nourrir, cette perspective ne doit pas l'enchanter non plus. C'est pourquoi son terrain de chasse favori correspond aux lieux de passage du gibier des forêts : les étroits chemins où ont coutume de marcher les chevreuils, cerfs ou sangliers. C'est dans ces zones que la maman tique, une fois bien gorgée de sang, se laisse tomber au sol pour pondre ses œufs, et que les petites tiques patientent après l'éclosion. Dès qu'un gros mammifère vient à passer, il se trahit par les vibrations du sol et par l'odeur. Aussitôt, la jeune tique se prépare au voyage, sort ses pattes avant et se cramponne au premier animal qui passe. Ensuite, elle rampe jusqu'à atteindre une zone où la peau est bien tendre, et dans les vingt-quatre heures au plus tard, elle entame son repas sanglant.

Concrètement, il faut donc un bon moment avant que la bête ne vous pique. Profitez donc de tout ce temps où elle se cherche une bonne place pour la repérer et la remettre dans l'herbe. Pour cela, il est préférable de porter un pantalon de couleur claire, sur lequel les tiques formeront de petits points noirs. De très petits points au départ, car souvent, avant de se gorger de sang, ces insectes ne mesurent pas plus d'un millimètre – il faut donc avoir de bons yeux. D'expérience, on arrive à intercepter 99 % des intruses en prenant le temps de surveiller ses tibias dès que l'on se trouve sur un chemin bien dégagé.

Si une tique a échappé à votre vigilance, elle ne restera pas sur vos jambes, mais s'aventurera plus loin. Son but sera de trouver un petit coin sombre et suffisamment humide, de préférence dans les plis. Il m'est même arrivé une nuit, dans mon sac de couchage, d'entendre des bruits bizarres, comme des grattements. Ces bruits suspects ne provenaient pas de la forêt environnante, mais de l'intérieur de mon oreille. Une visite chez l'ORL a levé le mystère : une tique s'était installée sur mon tympan, où elle avait planté ses crocs. L'extraction de l'animal à la pince est un souvenir douloureux, mais a mis fin à ce petit bruit insupportable au creux de mon oreille. Bilan de cette expérience : après une promenade, si vous avez aperçu quelques tiques sur vos jambes, il est impératif d'inspecter chaque centimètre carré de votre peau.

Et si une petite indésirable s'est déjà accrochée à vous ? Il faut la retirer le plus vite possible. Comme les tiques n'ont pas de mandibules, les trucs et astuces du style « tirer en tournant doucement » ne servent strictement à rien. Le plus efficace est encore de tirer verticalement d'un coup sec. L'important, c'est de ne pas écraser le corps la tique en l'arrachant, pour éviter que ses fluides corporels ne s'infiltrent dans la minuscule plaie laissée par la morsure. L'animal contient souvent des éléments toxiques qui peuvent se communiquer au corps de la victime quand la tique commence à boire son sang. Au moment d'attaquer, la tique vous injecte un peu de sa salive sous la peau, à la fois pour l'anesthésier et pour empêcher l'hémorragie.

Si l'insecte est contaminé (dans un tiers des cas environ), il vous injecte par la même occasion des bactéries ou des virus, en fonction de ce qu'il a en stock. Et pour les humains, c'est là que les ennuis commencent.

Quelles peuvent être les conséquences? Dans le cas des bactéries, il s'agit de borrélies, en forme de spirales, qui transmettent la borréliose ou maladie de Lyme. Dans la plupart des cas, le corps parvient à se débarrasser lui-même des microbes indésirables, mais hélas, il arrive que ses propres ressources n'y suffisent pas et que des problèmes surviennent. Idéalement, la présence des borrélies se traduit par ce qu'on appelle un érythème migrant, c'est-à-dire une grosse tache rouge qui apparaît autour de la piqûre. Pourquoi «dans l'idéal»? Simplement parce que ce signe permet au moins de nommer les choses: vous pouvez être certain que vous êtes atteint d'une infection aiguë. Une visite chez votre médecin traitant s'impose, avec prescription d'antibiotiques, et au bout de quelques jours, tout devrait normalement rentrer dans l'ordre. Et en l'absence de rougeur? Impossible de savoir ce qu'il en est. Votre organisme peut avoir éliminé les agents pathogènes; la tique peut n'avoir pas été porteuse de bactéries. Si elle n'est restée que quelques heures sur vous, elle n'a peut-être pas commencé à sucer votre sang. Doit-on tout de même aller chez le médecin? Il lui faudra une analyse de sang pour déterminer avec certitude la présence ou l'absence de borrélies. Quand on est souvent en plein air, on ne peut pas aller consulter à chaque piqûre de tique. Pour ma part, chaque fois que je consulte, quel qu'en soit le motif (certificat, check-up…), j'en profite pour demander un contrôle des borrélies. Sinon, on peut aussi conseiller de se faire contrôler une fois par an, à l'automne, quand la chute des températures force les tiques à faire une pause.

Si vous êtes fréquemment en contact avec ces parasites, vos

analyses de sang ressemblent peut-être aux miennes : on y trouve en permanence un taux d'anticorps élevé, ce qui devrait en principe être inquiétant. En principe. Car les infections anciennes et surmontées laissent dans le sang une cicatrice immunitaire qui ne signale pas forcément une maladie actuelle. Comme je n'ai jamais eu d'autres symptômes, ma généraliste estimait que je faisais peut-être partie des chanceux qui présentent une immunité naturelle contre les effets de la borréliose. Et pourtant, un jour, j'ai été victime de violents maux de tête qui ont duré plus d'une semaine. Je me suis demandé si le vent n'était pas en train de tourner, et un test réalisé par un laboratoire spécialisé de Berlin me l'a confirmé : les petites spirales tant redoutées s'en donnaient cette fois-ci à cœur joie. Seule solution : une antibio-thérapie de plusieurs mois. Fort heureusement, j'ai bien supporté le traitement, qui m'a permis de venir à bout de la maladie. Depuis, je suis bien plus préoccupé par les tiques, puisque j'ai conscience du fait que, hélas !, on ne peut pas se fier à une supposée immunité. Aucun vaccin n'est actuellement en vue, car il existe toute une série de *borreliae* différentes, qui toutes vous ont dans le collimateur. En cas d'infection, les choses n'en restent pas toujours aux maux de tête. À un stade avancé, on constate des inflammations nerveuses pou-vant par exemple conduire à des paralysies du visage ou à de fortes douleurs articulaires. Une fois que la maladie de Lyme s'est installée profondément dans votre organisme, il est très difficile de la traiter. Conclusion : dès que vous remarquez des manifestations anormales après une piqûre de tique, il est impératif de consulter un médecin.

Dans certaines régions, la salive des tiques contient en outre un passager clandestin encore plus désagréable : le virus TBEV (pour *Tick-Borne Encephalitis Virus*), à l'origine d'une maladie potentielle-ment grave, la MEVE ou méningo-encéphalite verno-estivale, une forme de méningite, c'est-à-dire une inflammation des méninges

– l'enveloppe extérieure du cerveau*. À défaut d'un traitement spécifique, il existe un vaccin efficace. 70 à 99 % des personnes atteintes ne remarquent absolument rien, et les autres souffrent de symptômes relevant de l'état grippal. Dans quelques cas sur mille seulement, la maladie est mortelle. «Seulement»? Quand on pense à tous les risques contre lesquels nous nous assurons dans notre vie quotidienne, même un taux comme celui-là paraît intolérablement élevé. Fort heureusement, le virus n'est pas présent partout ; vous pouvez vérifier si vous vivez (ou passez vos vacances) dans une zone touchée grâce à des cartes publiées par les pouvoirs publics – pour l'Allemagne sur le site Internet de l'Institut Koch[5]. C'est surtout le sud-ouest de mon pays qui est touché, ainsi que la Suisse et l'Autriche voisines. Pour l'Autriche, le nombre de personnes atteintes chaque année a fortement baissé, ce qui tient non pas à une régression du virus, mais au taux important de vaccination de la population, de l'ordre de 90 %[6]. Dans les Alpes, le salut vient de l'altitude : au-dessus de mille mètres, plus de danger. D'après les informations fournies par les services fédéraux de santé, dans les régions de haute montagne, aucune tique porteuse d'agents infectieux n'a encore été signalée.

Et maintenant ? Faut-il aller se faire vacciner par précaution ? Le sujet des vaccins est toujours sensible. Il s'agit de comparer le risque de la vaccination elle-même et le risque d'infection. En cas de morsure unique, le risque de contracter la maladie est très réduit. Même dans les zones les plus touchées, seules 0,1 à 3,4 % des tiques sont porteuses du virus (Institut Robert-Koch). Pour quelqu'un qui y est souvent exposé en raison de ses activités en extérieur, comme moi, la vaccination doit en tout cas être envisagée.

---

* Cette maladie reste rare en France, avec une vingtaine de cas diagnostiqués chaque année.

**« Épouillage » d'un cerf infesté de tiques
par des pies et des corneilles, Bristol, Angleterre.**
Les cervidés, qui aiment particulièrement l'herbe haute
et les petits buissons, comptent parmi les hôtes principaux
des tiques. Dès le point du jour, celles-ci guettent
leur passage pour s'accrocher à leur pelage.

Comment expliquer qu'on assiste, sur le long terme, à une augmentation du nombre de cas de maladies résultant du contact avec une tique ? Chercheurs et chasseurs sont ici en désaccord. Pourquoi les chasseurs ? Parce que certaines pratiques de chasse, notamment le nourrissage des bêtes, ont fait grimper en flèche les effectifs de gibier au cours des dernières décennies. Qui a déjà vu un chevreuil de près, surtout en été, l'aura constaté par lui-même : ces animaux sont absolument couverts de tiques. Les parasites finissent par atteindre la taille d'un petit pois, se laissent tomber au sol et pondent avant de mourir des milliers d'œufs dans la terre. Juste après l'éclosion, les larves, puis les nymphes, se fixent sur des rongeurs, des hérissons, des renards et autres mammifères qui leur transmettent différents agents pathogènes. Le nombre de ces petites proies est fluctuant, mais, à ma connaissance, n'a pas connu de croissance particulière ces derniers temps. Du côté des cervidés et des sangliers, visés par les tiques adultes, le tableau est tout autre : les effectifs explosent. Plus il y a de chevreuils, plus il y a de tiques – c'est on ne peut plus simple. Oui, mais les journalistes pro-chasse affirment que les ruminants, les chevreuils par exemple, ont un système sanguin capable d'anéantir ces bactéries et qu'ils ne seraient donc pas responsables de la contamination des tiques[7]. Notons que, s'il s'agit du dernier repas d'une tique femelle avant la ponte, cela n'a pas d'importance, car la borréliose n'est pas transmissible aux œufs qu'elle dépose dans le sol. Mais si les populations de gibier sont multipliées par cinquante, les petits vampires ont d'autant plus de chances d'engendrer des milliers de rejetons, bien souvent contaminés dès leur premier repas par un tout petit mammifère, une souris par exemple. Et voici comment, dans des pays aussi densément peuplés que les nôtres, la borréliose et la MEVE se développent de façon aussi inquiétante.

Mais revenons-en à la cause de ce problème, à savoir l'explosion des effectifs de gibier. À l'étranger, on évoque désormais « *the German problem* », car l'Allemagne est l'un des pays qui présentent la plus forte densité de mammifères au monde. Dans le même temps, on en voit peu, puisque, dans la journée, ils se cachent au cœur de la forêt. Animaux qui vivent dans la peur, maladies qui se propagent parmi la population – notre nature serait-elle devenue folle ?

La question de la chasse

En certains endroits, le paysage de nos forêts n'est pas sans évoquer notre ancien Rideau de fer. À quelques centaines de mètres d'intervalle se dressent des miradors sur lesquels apparaissent régulièrement des hommes armés en tenue de camouflage. Nous nous y sommes si bien habitués que lors de nos promenades, nous n'y faisons même plus attention. Mais pour les animaux sauvages, il en va autrement : les espèces chassées, en tout cas, savent pertinemment quel danger les guette de là-haut. Dans certaines zones, la forêt est à ce point couverte d'affûts que chaque mètre carré ou presque est à portée de tir. N'est-ce pas un peu excessif ? La chasse, nous dit-on, est une vieille tradition qu'il est légitime de faire perdurer sous une forme modernisée. Après tout, depuis que l'humanité existe, les hommes ont toujours chassé. Jadis, la chasse était une affaire de survie : se procurer de la viande, des fourrures, des os, et de temps en temps se défendre contre les attaques des prédateurs – l'heure n'était pas aux préoccupations morales. Et aujourd'hui ? La chasse fait l'objet de débats enflammés, et du point de vue écologique, on est en droit de se demander si elle est encore acceptable. Socialement, la situation semble bien différente : le nombre de titulaires du permis de chasser augmente, et ce qui était autrefois un bastion masculin se voit de plus en plus investi par les femmes.

Pour mieux comprendre, plongeons-nous tout d'abord dans les mers du monde. La capture et la mise à mort des baleines sont désormais largement interdites au niveau international, et ce même s'il s'agit d'espèces dont les populations ont pu quelque peu se reconstituer. Ainsi, la chasse aux différentes espèces de baleine soulève régulièrement des protestations, à mon sens justifiées, dans la mesure où pour nous nourrir, nous autres humains disposons tous depuis longtemps de bien meilleures sources de calories. Après tout, la production mondiale de céréales se monte aujourd'hui à cinq tonnes par hectare et par an en moyenne[8]. Avec 3 500 kilocalories par kilogramme pour le maïs et un besoin de 2 500 kilocalories par individu, un champ d'une superficie d'un seul hectare suffit à nourrir vingt personnes. Et les baleines ? La moitié de leur poids est constitué de viande, soit, pour un petit rorqual, environ cinq tonnes comme pour les céréales. Mais la viande ne contient que 1 200 kilocalories par kilo ; en théorie, avec une baleine, on ne peut nourrir que sept personnes pendant un an. Un hectare planté de céréales équivaut donc en moyenne à la prise de trois baleines, activité devenue inutile. Et comme, à l'échelle de la planète, la pêche ne concerne pas plus d'un millier de baleines, il est aisé de compenser leur apport en termes de calories.

Pour ma part, je trouve également acceptable le fait de demander à des peuples autochtones de renoncer à pêcher la baleine. Dans la plupart des cas, le fait est qu'ils vivent déjà largement des produits de la civilisation industrielle, et que la chasse elle-même s'effectue à grand renfort de bateaux à moteur et d'armes à feu – on est bien loin des méthodes de pêche de leurs ancêtres.

Pourquoi aller chercher si loin ? Parce que les chasseurs de nos régions nous présentent les mêmes arguments que les Inuits ou les Groenlandais. La chasse serait une tradition très ancienne, et la façon dont nos ancêtres, depuis des temps immémoriaux, se procuraient leur nourriture. Objection, Votre Honneur ! Au cours des derniers siècles, la chasse a été réservée à la seule noblesse, privilège aboli en 1789 en France, en 1848 seulement en Allemagne. Depuis lors, le droit de chasser est lié à la propriété foncière : qui possède un lopin de terre, en forêt comme en rase campagne, a le droit d'y tirer le chevreuil. Il en va ainsi dans bien des pays, en Suède par exemple, mais on s'est empressé en Allemagne de mettre des limites à ce droit, deux ans à peine après son ouverture au plus grand nombre. Pour en bénéficier, il faut désormais faire état d'une propriété de 0,75 kilomètre carré au moins. Mais quel paysan, en 1850, pouvait se vanter de posséder autant de terre ? Toutes les autres petites surfaces durent être réunies, leurs possesseurs formant des sociétés louant à autrui le droit de chasser sur leurs terres. Et qui pouvait payer le prix important de ce droit ? Des aristocrates fortunés, qui redevenaient ainsi, par la petite porte, seigneurs féodaux et maîtres de la chasse, allant à l'encontre des tout récents acquis de la révolution. Depuis le milieu du XIXᵉ siècle, qu'est-ce qui a changé dans l'organisation de la chasse en Allemagne ? Bien peu de chose. Le coût d'une saison, entre le garde-chasse privé, ses assistants pour l'organisation des battues et les autres frais, notamment l'indemnisation des agriculteurs pour les dégâts occasionnés par le gibier, peut s'élever à 50 000 euros – à renouveler chaque année ! Seule une toute petite partie des détenteurs d'un permis de chasser peut s'offrir un loisir si coûteux, si bien que la vénerie reste aussi élitiste que par le passé.

Nous voici arrivés à l'argument-massue de nos « premiers écologistes » : la chasse serait, quoi qu'il en soit, une vieille tradition à préserver. Pour une toute petite frange de la population, c'est possible ;

mais pour la plupart de nos concitoyens, ce n'est pas le cas. Pour nous nourrir, depuis des millénaires, nous avons une autre tradition en partage : l'agriculture, bien plus que l'abattage d'animaux sauvages avec un fusil. En Allemagne, il faut rappeler que tout le folklore de la chasse « noble », avec son jargon obscur et ses coutumes archaïques, ne s'est largement répandu qu'avec l'avènement du IIIe Reich : parmi les nombreuses attributions d'Hermann Goering figurait celle de « Maître des chasses du Reich », et sous son autorité, chaque chasseur s'est vu soumis à tout un décorum fait de rites archaïsants et de sonneries de cor.

C'est à la même période que le culte des trophées, lui aussi, a atteint son apogée. Lourdes ramures de cerfs, impressionnantes cornes de chevreuils, longues défenses de sangliers sont alors devenues le but ultime de tous les efforts cynégétiques. De ce fait, les animaux les plus prometteurs étaient épargnés, pour pouvoir transmettre leurs caractères à leur descendance. Chaque hiver, un nourrissage massif visait à ce qu'un maximum de bêtes survivent, et surtout à ce qu'un large choix soit toujours offert aux tireurs en termes de trophées. Des concours permettaient d'exposer les dépouilles empaillées et de les évaluer en fonction d'un système de points compliqué.

Et aujourd'hui ? Je crains que depuis ces années brunes, les changements n'aient été bien minces. Les lois ainsi que toute la réglementation en vigueur reflètent encore un mode de pensée dans lequel l'objectif est d'obtenir de quoi décorer les murs de son salon. À vous et moi, après tout, cela pourrait nous être égal : il existe tant de hobbies plus étranges les uns que les autres ! Le problème, comme nous l'avons vu plus haut, c'est que cette pratique a fait grimper le nombre des grands herbivores à un niveau cinquante fois supérieur à leur densité naturelle. Conséquence : nos bois sont littéralement dévorés, à commencer par les jeunes feuillus. Les pousses des cerisiers, des chênes, hêtres ou frênes, mais aussi les semences, comme les faînes de hêtre ou les glands du chêne – tout disparaît dans l'estomac de ces hordes d'affamés. Et c'est ainsi que de moins en moins de feuillus parviennent à l'âge adulte, et que bien des propriétaires forestiers en sont réduits à les remplacer par des plantations de résineux. En effet, les chevreuils, biches et cerfs dédaignent ces arbres, car la résine et les huiles essentielles qu'ils contiennent leur donnent une saveur amère, et que les pointes de leurs aiguilles sont désagréablement piquantes. En recourant à ces espèces, les forestiers peuvent au moins arriver à faire pousser quelques arbres et à donner l'illusion d'une forêt.

S'il y a des grillages en forêt, c'est aussi, en général, à cause de la chasse. En bien des endroits, les arbres à feuilles caduques ne poussent que derrière des clôtures ; un de mes collègues emploie même à ce sujet une expression évocatrice : la « sylviculture carcérale ». À l'intérieur du périmètre protégé, tout va bien, et pas seulement pour les arbres. On y remarque aussi quantité d'épilobes, une grande plante vivace aux fleurs roses très spectaculaires. Comme elle est très appréciée des herbivores, il est devenu presque impossible d'en trouver en dehors des clôtures protectrices.

Qu'en est-il des surfaces non clôturées ? Elles n'en sont que plus fortement soumises à la pression des grands herbivores sauvages, et comme les bêtes se pressent à proximité des grillages pour lorgner les zones qui leur sont interdites, elles ont tôt fait de forcer le passage dès que la plus petite brèche apparaît, par exemple lorsque la tempête a fait tomber un arbre sur le grillage. Bien souvent, même les chiens de chasse ne suffisent pas à les écarter de leur pays de Cocagne, et la clôture devenue inutile finit par être supprimée.

Là où il ne serait pas rentable d'installer une vraie clôture, parce qu'il n'y a que quelques hêtres ou chênes à protéger, d'autres monuments apparaissent. De loin, on dirait un cimetière militaire ; de près, ce sont des tubes de protection. Ces housses verticales enveloppent les jeunes arbres comme des mini-serres, mais ouvertes en haut. Le travail nécessaire à leur installation et le coût que cela représente ne sont pas les seuls inconvénients de ce système : les forts coups de vent ou les chutes de neige peuvent faire pencher l'installation, ce qui empêchera le jeune arbre de pousser droit. De plus, dès qu'il dépasse la hauteur de la housse, il sera brouté sans pitié, car pour aller grignoter les pousses sommitales qu'ils aiment tant, les cervidés se montrent très inventifs. Si l'arbre est trop haut pour eux, il leur suffit de le faire basculer, et le tour est joué.

Il existe encore d'autres méthodes de protection : les préparations répulsives dont on badigeonne directement les jeunes pousses. Leur mauvais goût est censé tenir les brouteurs à distance, à la manière de ces vernis amers que l'on mettait autrefois sur les ongles des petits enfants pour les dissuader de les ronger. Que l'on recoure à des cocktails chimiques ou à de la laine de mouton, dans tous les cas, cela demande énormément de travail. Une à deux fois par an, des ouvriers forestiers doivent repérer et traiter un par un les arbres menacés : à l'échelle d'une forêt, c'est un vrai gouffre financier. Ainsi, dans mon secteur, avant notre grand tournant écologique, les frais d'entretien se montaient à près de 70 000 euros par an, une dépense intenable, à terme, pour une commune d'à peine 500 habitants.

Et même quand on parvient, au prix de tant d'efforts, à faire grandir davantage de feuillus, il reste de grands vides dans la forêt. Car partout où, par manque d'argent, on n'a pas pu mettre en place ces mesures, les zones sans arbres sont envahies par les broussailles, ou dans le meilleur des cas, spontanément colonisées par différentes espèces de résineux. Et pourtant, la solution serait toute simple : interdire le nourrissage et organiser une campagne d'abattage des grands herbivores. Les effectifs de chevreuils et de cerfs redescendraient alors à un niveau raisonnable, ce qui laisserait toutes leurs chances aux jeunes arbres des environs.

Outre les répercussions écologiques et sociales de la chasse, n'oublions pas d'évoquer l'aspect gastronomique. C'est un aspect de la question dont j'ai rapidement eu connaissance, dès mes débuts comme chef de bureau d'une administration forestière. Dans mes attributions entrait aussi la supervision de la mise en vente des cervidés et sangliers abattus dans la forêt publique. Les gardes forestiers venaient donc livrer les bêtes sur place ; au sous-sol de notre bureau, une chambre froide, ou plutôt un frigo surdimensionné, permettait de les stocker. Les dépouilles y restaient accrochées, avec le pelage et la tête, tout juste vidées de leurs entrailles, à faisander bien tranquillement. Une fois par semaine, un marchand de gibier venait de Cologne pour embarquer pêle-mêle toute la marchandise. Je n'avais pas grand-chose à faire : il achetait absolument tout ce que nous avions en stock, sans distinction. Consommez-vous du gibier ? Il faut que je vous dise ce qu'il advient d'une bête abattue lors d'une chasse avant qu'elle n'arrive dans votre assiette. Et si la réponse était « oui », je crains fort qu'elle ne devienne « non » une fois que vous aurez lu ces lignes. En effet, la manière dont sont traités les animaux sauvages abattus suffirait à envoyer les services sanitaires chez n'importe quel charcutier, s'il s'avisait d'en faire autant. Précision : les faits évoqués ici ne concernent qu'une petite partie du gibier consommé, mais cette partie existe bel et bien, et si vous tombez dessus, votre langue saura bien vous le dire. Si ce tableau vous coupe l'appétit, ce n'est malheureusement pas de ma faute.

Commençons par le tir. S'il est bien ajusté, l'animal est tué sur le coup. Tant mieux pour la bête, mais tant pis pour la viande. En effet, dans les abattoirs, on se contente dans un premier temps d'étourdir la bête, car elle doit se vider de son sang. Pour cela, c'est logique, son cœur doit continuer à battre. Mais à la chasse, le coup de feu mortel atteint la cage thoracique et la région des poumons. L'animal meurt rapidement, et le sang reste à l'intérieur. Ce qui n'est pas préjudiciable à la santé, mais qui est en partie responsable de ce «goût de gibier» si caractéristique. Mais hélas, bien des tirs sont moins précis, et endommagent l'estomac et les intestins des animaux sauvages. Autour de l'impact, le contenu du système digestif se répand donc un peu partout, et une fois que vous avez senti un jour cette puissante odeur, vous savez pourquoi certains gibiers ont un fumet si caractéristique. Encore moins appétissant : les éclats de plombs libérés un peu partout par la cartouche qui éclate. Certes, on trouve désormais sur le marché des munitions sans plomb, mais il faut bien terminer les vieux stocks qui encombrent les placards et les cartouchières de nos régions. Ce qui peut prendre encore de nombreuses années.

Si le plomb ne vous paraît pas être l'épice idéale pour agrémenter vos plats, ce qui suit ne vous plaira pas davantage. En effet, dans les mois d'été, il arrive que l'animal touché ne soit pas repéré instantanément, mais que les chasseurs doivent partir à sa recherche. Il risque alors de traîner un certain temps en plein soleil, et lorsqu'il le retrouve, c'est au chasseur de décider s'il est encore consommable ou non. Ce qui fleure bon le conflit d'intérêts. D'autant plus que la dépouille a été en contact avec le sol, qu'il n'y a pas d'eau courante, et que tout se passe souvent à la tombée de la nuit. Pour garantir la bonne qualité de la viande, quoi de mieux que les surfaces carrelées et réfrigérées d'un abattoir ou d'une boucherie ? Imaginez-vous un instant que des vaches ou des cochons soient tués et vidés en plein air, par exemple sur le parking derrière le supermarché – j'ai du mal à croire que des clients se laisseraient tenter. Naturellement, bien des chasseurs et forestiers sont soucieux de respecter les règles d'hygiène et ne proposent qu'une marchandise irréprochable de ce point de vue. Et il existe bien évidemment des textes interdisant les pratiques dangereuses dans le traitement du gibier. Mais même si les services vétérinaires examinent les dépouilles sans y trouver rien à redire, cela protège seulement le consommateur des plus gros risques d'intoxication. Quant à la qualité de ce qui leur est parfois servi, j'ai pu en juger par moi-même.

Il m'est arrivé d'avoir affaire à un commerçant aux vues particulièrement larges, qui se contentait d'essuyer la moisissure qui s'était formée sur la viande entreposée trop longtemps, et demandait qu'on lui fasse une petite réduction sur les morceaux dont l'odeur était vraiment trop forte. «Faudra en faire du pâté!» répondait-il de façon lapidaire quand on lui demandait comment il comptait écouler cette viande manifestement avariée. Un pâté dont le «fumet de gibier» devait être particulièrement puissant. Moi aussi, j'aimais bien ce goût il y a quelques années, mais il est clair qu'aujourd'hui, je n'y toucherais pour rien au monde. Car ce qui donne ce goût aussi prononcé, ce n'est pas seulement le contenu de l'estomac ni le séjour en plein soleil. Il faut savoir que les mâles en période de rut ne sont pas écartés par les marchands de gibier, mais mis sur le marché comme les autres bêtes. Pourtant, quand l'afflux d'hormones leur fait tout oublier sauf ces dames, les cerfs s'urinent dessus tous les jours, et leur goût devient aussi fort que celui des sangliers mâles dont la graisse est si imprégnée de senteurs viriles qu'après les avoir touchés, on n'arrive pas à débarrasser ses mains de cette odeur, même à grand renfort de savon.

Selon la région d'origine et selon l'espèce, il faut encore ajouter à ce tableau peu ragoûtant une bonne pincée de radioactivité. Si vous consommez du gibier fraîchement abattu en Bavière, par exemple, la catastrophe de Tchernobyl est encore d'actualité. Le monde de la chasse n'aime guère aborder ce sujet, et les autorités elles-mêmes rechignent à publier des données quantitatives.

Cependant, certaines données sont disponibles et loin d'être réjouissantes, comme en témoigne une demande d'information déposée en 2013 par le parti écologiste au parlement régional bavarois. La réponse des pouvoirs publics est éloquente : sur tout le territoire de l'ex-RFA se seraient déposés environ 230 grammes de césium radioactif. Ce qui peut sembler très peu ; mais les forêts ont été si fortement irradiées qu'aujourd'hui encore, on constaterait des dépassements massifs des limites admises (600 becquerels par kilo), surtout dans la viande de sanglier[9]. À titre de comparaison, notons que les autres aliments, comme toutes les substances organiques, présentent une légère radioactivité, de l'ordre de 0,1 becquerel par kilo[10]. D'après les données de l'administration publique, le rayonnement mesuré sur beaucoup d'animaux, de l'ordre de 10 000 becquerels, serait jusqu'à quinze fois supérieur aux valeurs autorisées, les rendant impropres à la consommation. Pourquoi les sangliers sont-ils particulièrement concernés ? Contrairement aux cervidés, ils se nourrissent entre autres de champignons, dont certaines variétés retiennent ces métaux qui se concentrent ensuite dans leurs tissus.

Il faut savoir que les mesures ne sont faites que sur quelques échantillons : en pratique, de nombreux animaux sont donc consommés sans avoir été testés. Comment cela se fait-il ? Sans doute serait-il à craindre, si les tests se généralisaient, que cela porte un coup fatal à la consommation de sanglier, déjà assez mal en point.

Mais supposons un instant qu'on puisse se procurer du gibier qui soit toujours irréprochable du point de vue de l'hygiène. Ne pourrait-on pas revendiquer le droit à disposer de viande issue d'animaux sauvages, du moment que leurs effectifs ne sont pas menacés ? Le fait est qu'ils ont passé toute leur vie en liberté, et non pas dans les boxes exigus des élevages de masse, à patauger dans leurs excréments. Les amateurs de viande pourraient ainsi contribuer à réduire

Harde de biches, Vosges, France.
Par endroits, le paysage de nos forêts prend des allures
de frontière fortifiée : miradors tous les cent mètres,
hommes armés en tenue de camouflage, affûts divers
plaçant le moindre recoin de forêt à portée de tir...
N'est-ce pas un peu excessif ?

la souffrance animale. Maintenant que nous avons mis en lumière les risques concernant l'hygiène, le plomb et la radioactivité, il faut aussi, par souci d'objectivité, mettre dans la balance les problèmes que l'on évite en consommant du gibier plutôt que des animaux d'élevage. Pas de médicaments superflus, comme les antibiotiques ou les vermifuges (qui ne sont rien d'autre que des insecticides). Pour d'autres produits de la forêt se pose également la question de savoir si les avantages de leur utilisation l'emportent sur les inconvénients. Qu'il s'agisse de bois, de baies sauvages, de champignons, de poissons ou de gibier, tant qu'on ne porte pas préjudice à la nature, ce serait sans doute là une façon écologiquement soutenable de se nourrir et de produire de l'énergie.

À condition, donc, qu'on ne nuise pas au milieu naturel. Mais ces nuisances peuvent aussi prendre la forme d'altérations génétiques – sans même parler ici de manipulations effectuées en laboratoire. En utilisant à notre profit d'autres êtres vivants, nous autres humains exerçons sur eux une pression en termes d'évolution. Les animaux que nous chassons commencent à s'adapter pour mieux survivre. S'adapter, cela signifie devenir plus difficiles à attraper, et quelle meilleure façon de nous échapper que de se rendre invisible ? Certes, les chevreuils et les cerfs ne portent pas de tenue camouflage, mais ils parviennent tout de même à échapper à notre champ de vision. Tout simplement, au lieu de se montrer en journée sur les prairies et les champs, ils se cachent dans les fourrés ou au cœur des sous-bois. On entend souvent dire que les animaux seraient plus actifs la nuit : c'est totalement inexact. Ils ne font leurs affaires que dans des lieux où ils sont à l'abri des regards ; en bons grands herbivores, ils sont contraints de passer le plus clair de la journée à se nourrir, en prenant juste quelques pauses durant lesquelles ils s'allongent pour ruminer. Ce retrait hors des zones dégagées où ils pourraient être vus ne fait sens que pour l'homme : le loup, par exemple, utilise d'autres indices que la vue pour détecter la présence de proies potentielles, grâce à son flair et son ouïe. C'est de toute évidence au prédateur humain que les animaux sauvages de nos forêts se sont ainsi adaptés au fil des siècles, ce qui explique le paradoxe actuel : la densité des populations d'herbivores bat tous les records, et pourtant, nous ne les voyons presque jamais.

Chez les arbres (dont nous sommes aussi, en un sens, les prédateurs), une sélection s'effectue également par le biais de la récolte. Nous autres humains refusons certaines caractéristiques naturelles des arbres : la pousse en spirale, par exemple, qui donne à certains troncs l'aspect de serviettes de bain que l'on essore. Du point de vue de l'arbre, à quoi peut bien servir cette torsion ? Elle joue le même rôle que les ressorts d'un camion : en cas de tempête, elle permet à l'arbre de se balancer sans se casser. Malheureusement, les planches que l'on tire de tels arbres, elles aussi, ont tendance à se tordre en séchant, ce qui les rend inutilisables. C'est pourquoi les forestiers ont ce genre de sujets à l'œil et veillent à s'en débarrasser au plus tôt en les vendant comme bois de chauffage. Les seuls arbres autorisés à croître et à prendre de l'âge sont ceux qui ne présentent aucun défaut : fibre bien droite, donc profit maximum. Ces premiers de la classe seront aussi les seuls autorisés à se reproduire, et donc à transmettre leurs gènes à la génération suivante. D'autres particularités qui nous déplaisent, comme la croissance bifide (lorsque le tronc se divise en deux, ce qui donne un arbre à deux flèches) ou les troncs tordus, incapables de donner de belles poutres bien droites, sont également synonymes d'élimination.

Et c'est ainsi que, peu à peu, toute la forêt se modifie en fonction de nos besoins, et que les arbres, ce faisant, deviennent porteurs de handicaps génétiques. Car à ce patrimoine ancien qui se traduit par la croissance torse et tant d'autres signes particuliers sont aussi associés d'autres traits moins visibles que nous éliminons du même coup. Lesquels ? On ne le sait pas encore tout à fait, si bien qu'on joue à la roulette la future résistance de nos forêts. Étant donné l'attention que suscitent les arbres auprès des propriétaires forestiers soucieux de leur commercialisation, du moins le problème de l'appauvrissement de leur patrimoine génétique est-il connu. Mais qu'en est-il des champignons ? Une fois ramassés, leurs fruits, c'est-à-dire la partie que nous mettons à la poêle, ne peuvent plus contribuer à la reproduction. En conséquence, les espèces favorisées sont celles que les humains ne consomment pas.

Quel bilan tirer de ce constat ? Dans la forêt, faudrait-il ne plus toucher à rien ? Il est clair que les êtres humains peuvent entraîner de profondes transformations de leur écosystème. Mais pour la forêt, c'est sans conteste la sylviculture moderne qui porte les conséquences les plus néfastes. Quand une plantation d'épicéas prend la place d'une hêtraie primaire, ce sont des milliers d'espèces locales qui disparaissent du même coup. Là où, pour les besoins de la chasse, on nourrit artificiellement le gibier ou on sélectionne les cerfs en fonction de la taille de leurs andouillers, on perturbe de subtils équilibres. Ainsi les effectifs pléthoriques de sangliers conduisent-ils à l'extinction de petits escargots des sources. On sait que les cochons sauvages adorent se rouler dans la boue, que l'on peut trouver même en plein été en forêt, là où sources et petits ruisseaux sortent de terre. Quand la surpopulation transforme la moindre zone humide en spa pour hordes de sangliers, ces tout petits escargots qui ont un besoin vital d'eau claire et pure n'ont plus aucune chance de survie. Même résultat lorsque des millions de chevreuils affamés se jettent sur le moindre pied d'épilobe : en bien des endroits, on n'en trouve plus un seul spécimen. À mon sens, la nature mérite une protection bien plus sérieuse, à commencer par les secteurs où les bouleversements sont les plus massifs. Les ramasseurs de champignons exercent une influence sur la biodiversité, mais sans commune mesure avec le conducteur d'un *harvester* qui compresse le sol au volant de sa machine géante, anéantissant toute vie ou presque sur plusieurs mètres de profondeur.

Tolérer les petits plaisirs, interdire les grosses infractions : telle est ma devise. Qui se régale d'une poêlée de champignons ou d'un pot de gelée de framboise maison a tout intérêt à préserver notre écosystème. Même le ramassage de bois de chauffage peut être écologiquement soutenable, si le bois provient d'entreprises labellisées qui favorisent les forêts de feuillus de nos régions. Et surtout, pour laisser enfin se déployer en toute quiétude le monde merveilleux de la forêt, dont nous n'avons aujourd'hui qu'une idée bien limitée, nous avons impérativement besoin qu'une partie suffisamment grande des forêts deviennent des zones protégées. Jusqu'ici, la part des zones protégées de toute exploitation commerciale n'atteint même pas 2 %. Pour un pays industrialisé aussi riche que le nôtre, quel manque d'ambition !

Mais encore un mot sur le ramassage des produits de la forêt. Un autre danger nous guette : les échinocoques, ces vers intestinaux touchant particulièrement les renards. Ceci ne rend-il pas caduques toutes les explications qui précèdent ? Faudrait-il finalement renoncer à consommer tout ce que l'on a pu cueillir dans la nature ?

Un danger invisible

Les renards sont-ils dangereux pour nous ? Certes, ils emportent bien une poule de temps en temps : au poulailler de la maison forestière, cela nous est arrivé plusieurs fois. Un matin de mars, je regardais par la fenêtre, et encore mal réveillé, je dis à ma femme : « Regarde, il a encore neigé ! » La pelouse était blanche, mais ma femme m'a bien vite rappelé à la réalité : « Ce n'est pas de la neige, ce sont des plumes ! » Notre grillage pour les poules n'était visiblement pas assez solide ; le renard avait saisi l'occasion de kidnapper toute la troupe et de la plumer pendant la nuit. Jadis, une telle atteinte aurait été un coup dur pour la population villageoise ; de nos jours, c'est juste une mésaventure désagréable. Ce qui nous préoccupait et nous menaçait le plus jadis a également disparu, en Europe centrale et occidentale du moins : la rage, objet de toutes les craintes au village.

Il faut dire que la maladie est particulièrement redoutable. Quand on est contaminé par le virus de la rage, si ce n'est la plaie causée par la morsure de l'animal, sur le moment, on ne remarque rien de spécial. Ce n'est que plusieurs semaines après que des symptômes ressemblant à la grippe font leur apparition, et à ce stade, il est bien trop tard pour une thérapie efficace. Les agents pathogènes ont déjà atteint le cerveau et le système nerveux, où ils font de terribles ravages. La rage conduit notamment les personnes atteintes à subir des crises, comme les bêtes, et même à mordre. En quelques jours, c'est l'issue fatale. Même si le nombre de cas humains a toujours été très réduit, on comprend que cette maladie ait fait si peur qu'on ait tout tenté pour l'éradiquer. Ce qui a demandé des efforts énormes dans certains pays, comme en Allemagne. Pendant des décennies, le moyen le plus simple a été de pourchasser partout son principal vecteur de transmission : le renard. Tous les moyens étaient bons, et l'heure n'était pas à la protection des espèces animales. En tout lieu, en toute saison, un renard devait être immédiatement abattu, y compris, c'était écrit noir sur blanc, les renardes en période de reproduction, et tant pis pour les renardeaux, condamnés à mourir de faim dans leur tanière. À moins que l'on n'aille directement les dénicher avant de les assommer. Cependant, ces méthodes n'ont pas suffi à faire baisser les effectifs, car la réaction de l'espèce face à ces attaques brutales a été de se reproduire encore plus rapidement. Même les gaz toxiques envoyés dans les couloirs souterrains en dernier recours ne sont pas venus à bout du renard.

Il y a une vingtaine d'années, nos responsables ont enfin changé de stratégie, et c'est l'option de la vaccination qui a été retenue.

Mais comment s'approcher de ces bêtes sauvages rendues si farouches par une traque perpétuelle ? Une solution a été trouvée : des appâts dans lesquels on dissimule une capsule de vaccin. Depuis, pour couvrir rapidement les vastes zones où la rage était endémique, ces petits paquets sont régulièrement largués par voie aérienne. L'un de ces appâts ayant atterri sur le couvercle de notre poubelle, j'ai pu l'examiner de près. Il s'agissait de déchets de poisson congelés, dans un petit contenant en plastique. À l'intérieur, le sérum, absorbé par l'animal dès qu'il croque l'appât. Je me suis alors posé une question.

Quel était le risque le plus grand : que quelques renards malades transmettent la maladie à l'homme chaque année, ou qu'un promeneur ou bien un habitant d'une maison forestière reçoive sur la tête l'un de ces projectiles largués de si haute altitude ? Je dois avouer, cependant, qu'aucun accident de ce type ne m'a jamais été rapporté.

Comme les animaux domestiques – chiens, chats et chevaux – ont eux aussi été massivement vaccinés, la maladie a pu être totalement vaincue en Europe. Ou presque, car outre le renard, d'autres mammifères peuvent encore transmettre la rage. Il s'agit souvent de chiens importés de pays où la maladie sévit toujours, à moins que le danger ne vienne des airs : les chauves-souris sont en effet porteuses d'un virus très proche, et dans de très rares cas, elles peuvent elles aussi mordre l'homme.

Si le renard n'est plus dans la ligne de mire, au sens propre du terme, le chapitre des maladies qu'il peut transmettre à l'homme n'en est pas clos pour autant. Car la rage, qui faisait également des ravages parmi les renards, servait de régulateur à cette population. Beaucoup de renards, c'est aussi beaucoup d'occasions de contact, et donc de transmission du virus, ce qui aboutit un jour ou l'autre à un effondrement de la population en raison d'une vague épidémique. Les quelques rares survivants d'une région, plus éloignés les uns des autres, ont moins de contacts ; c'est ainsi qu'au cours des années suivantes, la population s'est reconstituée. Aujourd'hui, la rage appartient au passé et les renards sont revenus un peu partout, en force, car la plupart des sujets sont désormais en pleine forme.

Mais la nature est ainsi faite : elle a trouvé un nouveau moyen de maintenir l'équilibre. Depuis que la rage est hors jeu, un autre fléau a pris sa place. C'est désormais un petit ver intestinal, l'échinocoque, qui vient jouer les trouble-fêtes. Il est venu de Sibérie, transporté par des rats musqués contaminés, et s'est massivement répandu à toute la partie nord de l'Europe dans les années 1990. Dans le Land de Rhénanie-Palatinat (où se trouve mon village d'adoption, Hümmel), ce sont près de 20 % des renards qui se trouvent infestés, comme l'a récemment révélé une enquête des services sanitaires régionaux[11]. Et encore, mon Land ne compte pas parmi les plus touchés.

Entre la rage et le parasite, avons-nous gagné ou perdu au change ? Pour le savoir, examinons de plus près les dégâts qu'occasionne ce passager clandestin. Ses œufs sont absolument minuscules, pas plus gros que des grains de sable. Ils sont produits par les vers adultes, eux-mêmes de très petite taille, pas plus de trois millimètres de long. Rien d'étonnant à ce qu'un renard contaminé en trimballe jusqu'à 200 000 dans ses intestins[12]. Ce qui donne lieu à une énorme quantité d'œufs, qui se retrouvent d'abord dans les excréments du renard, puis à l'air libre. Ce sont alors les souris qui se repaissent de ces peu engageantes friandises, et récupèrent bien malgré elles les œufs. Les larves éclosent à l'intérieur de leur corps, et s'attaquent à des organes internes comme le foie. Les rongeurs gravement atteints sont moins prompts à prendre la fuite devant les prédateurs… les renards, par exemple. Dans le ventre du renard, la souris morte se décompose, et comme d'un cheval de Troie, les assaillants finissent par sortir de leur cachette. Dans leur lieu de destination, ils se sentent parfaitement bien et peuvent prélever tout ce qu'il leur faut, en profitant du bol alimentaire de leur hôte. Le renard, lui, n'en souffre presque pas, si bien que toute l'année, il contribue tranquillement à la dissémination des vers.

Le danger survient lorsque, au lieu d'une souris, c'est un humain qui ingère les œufs de l'échinocoque. Dans son organisme, il se produit le même scénario que dans celui du rongeur : les larves vont coloniser les organes internes. La maladie grave qui en résulte porte le nom barbare d'échinococcose alvéolaire, également connue sous le nom de « maladie du renard ». Mais jusqu'à l'apparition des premiers symptômes, il peut s'écouler plusieurs années – autant de temps perdu pendant lequel un traitement adapté aurait pu donner de bons résultats. Il est impossible de venir totalement à bout de ces petites larves : tout ce qu'on peut faire, c'est limiter leur prolifération en prenant des médicaments toute sa vie. Sans prise en charge, l'issue de l'invasion est presque toujours mortelle. C'est bien le but des parasites : ralentir leur hôte pour qu'un renard finisse par l'attraper. Sauf que l'homme ne fait pas partie du tableau de chasse de notre ami le goupil ; la science parle alors d'hôte « accidentel », dans la mesure où l'être humain constitue pour les larves de l'échinocoque une voie sans issue.

La ruse du ver intestinal du renard, c'est que, contrairement à la rage, cette infection est indiscernable. Comme elle se transmet par morsure, la rage suscite ou devrait susciter, dans les régions où elle sévit, une prise en charge médicale immédiate ; mais en cas d'ingestion d'œufs de parasites, la victime restera des années dans l'ignorance la plus totale. Les petites capsules contenant les futurs vers sont susceptibles d'éclabousser les baies sauvages ou les champignons au moment où le renard fait ses besoins. Le renard se lèche pour se nettoyer et passe aussi sa langue un peu partout sur sa fourrure, si bien que les œufs microscopiques peuvent se répandre autour de lui. D'où le conseil donné par les autorités aux promeneurs : éviter de ramasser des fruits poussant au niveau du sol, et bien faire cuire toutes ses cueillettes, car les œufs ne supportent ni les grands froids, ni les températures supérieures à 60 °C. Le danger est donc bien réel, mais comment évaluer le risque encouru lors de votre prochaine balade en forêt ? Faut-il vraiment faire une croix sur les fraises des bois rouges et parfumées, ou ne les déguster qu'en marmelade ? Ne plus jamais mettre directement en bouche une belle mûre noire et luisante ? Et que dire du sandwich que vous avez consommé au pied d'un arbre lors de votre dernier pique-nique ? Vous étiez-vous bien lavé les mains (pas très pratique au fond des bois !) après avoir cueilli cette fleur souillée par le parasite ? Et l'échinococcose ? penserez-vous désormais.

Pour une analyse objective de la situation en Allemagne, les données de l'Institut Robert-Koch sont une source précieuse. Une partie des infections à déclaration obligatoire y sont recensées et étudiées. Pour l'année 2014, l'Institut donne le chiffre de 112 cas de maladie chez l'homme en Allemagne. Pour 83 cas était mentionné le pays dans lequel l'infection avait été contractée, c'est-à-dire probablement celui où des œufs avaient été ingérés, en vacances, par exemple. Pour 48 cas, les victimes avaient rapporté les œufs d'un pays étranger. Peut-on dire qu'en comparaison, l'Allemagne constitue un pays sûr ? Selon les spécialistes, les cas déclarés ne refléteraient qu'une partie de la situation, puisque, selon leurs estimations, environ les deux tiers des infections ne seraient pas signalées. Au lieu d'une centaine de cas, il faudrait plutôt en compter trois cents[13]. Il convient maintenant de comparer ce chiffre à d'autres causes de décès : pensons par exemple aux morts dans un accident de la route (3 475 tués en Allemagne* pour l'année 2015[14]) ou même aux personnes tuées par la foudre (autour d'une centaine par an[15]) ; mais ces comparaisons suffisent-elles à nous tranquilliser ? Il y a d'autres choses qu'il vous faut savoir, concernant votre propre corps. Comme le ver ne nous considère pas comme son hôte final, il ne s'adapte que moyennement à l'homme, ce qui signifie que nos défenses immunitaires savent faire face d'elles-mêmes à la plupart des attaques. Au cours de la

---

* 3 461 personnes sont mortes sur les routes en France la même année, https://www.onisr.securite-routiere.gouv.fr/

dernière décennie, le nombre de ces attaques a augmenté au rythme de l'augmentation de la population des renards, et pourtant, selon les statistiques officielles, le nombre de malades semble plutôt stagner. Peut-être cela est-il dû au fait que la population de renards a fini par trouver un point d'équilibre.

Mais peut-être faisons-nous un mauvais procès au renard. Ses cousins sont en effet bien plus nombreux et bien plus dangereux pour nous : je pense ici aux chiens domestiques. Parmi eux, on trouve bon nombre d'amateurs de souris, qui savent repérer leurs trous dans les champs pour aller les débusquer. Évidemment, ces chiens sont susceptibles d'être contaminés par les mêmes parasites intestinaux. Pour nos amis à quatre pattes, l'affaire est aussi secondaire que pour le renard ; n'oublions pas que l'intérêt du parasite n'est pas de faire mourir l'hôte final, mais de l'utiliser sans limitation de durée. Comme leurs cousins sauvages, les chiens libèrent des œufs dans leurs selles, se lèchent pour se nettoyer et lèchent ensuite leur pelage. Les éléments nocifs peuvent donc se déposer dans votre appartement, ou même directement sur vos mains quand vous caressez votre chien, et venir se fixer sous nos ongles. Et de là, les parasites finissent par atteindre leur hôte accidentel : vous. Le risque est encore plus grand pour les propriétaires de chats, puisque, pour nos tigres domestiques, attraper et croquer des souris est presque une vocation. Hélas, les vers apprécient aussi les intestins de nos félins, ce qui fait que des millions de familles sont finalement menacées. C'est pourquoi il est impératif de suivre le conseil des autorités sanitaires en la matière : tous les deux mois au moins, il faut vermifuger son chat.

Si l'on prend tout cela en compte, sans oublier les cas ramenés de l'étranger et les animaux domestiques, en dehors de quelques groupes à risques comme les chasseurs (qui abattent les renards et les transportent jusque chez eux pour les empailler), le danger apparaît très réduit pour des consommateurs occasionnels de baies et de champignons. Pour ma part, en tout cas, je ne peux me résoudre, lorsque l'occasion se présente, à renoncer au plaisir de déguster quelques fruits des bois (ramassés aussi loin que possible du sol). La situation évoluera peut-être dans un sens qui satisfera ceux qui inclinent à la prudence. En effet, de plus en plus de districts mettent en place des campagnes de traitement vermifuge pour les renards. Comme pour les vaccins contre la rage, on largue des appâts par avion ou hélicoptère, contenant cette fois un produit vermifuge. Ainsi, selon les données recueillies par l'Université technique de Munich, dans le district de Starnberg, cette pratique a permis de faire baisser de 99 % le risque de transmission à l'homme[16]. Et pourtant, je reste sceptique. Une fois que nous aurons éradiqué l'échinococcose, quelle autre maladie viendra prendre sa place ? Est-il seulement possible de remporter la bataille contre le parasite ? Rien n'est moins sûr. À la maison forestière, nous avons des chevaux et des chèvres à qui il faut aussi donner régulièrement leur vermifuge. Je sais donc qu'aucun animal n'est totalement exempt de vers, et que les différents produits ne servent qu'à limiter les infestations. Il y a toujours quelques vers qui survivent au traitement, et le résultat est celui que l'on observe partout où on use de moyens chimiques contre des nuisibles : une résistance se développe. C'est pourquoi il faut régulièrement changer de produit, sans avoir la certitude que les vers de toutes sortes ne vont pas s'y habituer.

Pour être couronnée de succès, une campagne contre ces vers devrait être menée de façon prolongée, en employant différentes substances vermifuges – tout cela pour qu'au bout de dix ou vingt ans, les résistances nous renvoient à la case départ. Est-il bien raisonnable de traiter les animaux sauvages en permanence et en tout lieu ? D'autant plus qu'il existe des moyens simples de faire preuve de

Renard roux, Angleterre.
Jadis vecteur de la rage, le renard est aujourd'hui redouté comme hôte
de l'échinocoque, un dangereux ver intestinal. La prudence est de mise,
mais faut-il pour autant renoncer au plaisir de déguster une fraise
des bois de temps en temps ?

prudence. Et même si (comme moi) on ne veut pas se priver des fruits des bois avant cuisson, on peut tout à fait, comme nous l'avons vu pour la borréliose, procéder régulièrement à des tests d'anticorps contre cette infection parasitaire. À mon sens, on aurait même mieux fait de laisser subsister la rage. Certes, cela peut sembler inconscient, mais quel serait en réalité le risque pour l'homme ? Les animaux domestiques étant aujourd'hui vaccinés, on sait qu'aucun danger ne rôde dans notre environnement. La maladie régulerait la population des renards, et les risques de contacts avec les humains s'en trouveraient considérablement réduits. Quoi qu'il en soit, on voit mieux un renard à l'approche que les œufs minuscules de l'échinocoque, et surtout, quand on a été mordu, on le sait. Il suffit alors d'aller voir son médecin et de recevoir une injection de sérum pour que le problème soit réglé.

Le Petit Chaperon rouge vous salue bien

Les loups sont de retour en Europe, et un commentaire me vient : il était temps ! Il existe, paraît-il, un vieux proverbe russe qui dit : « Où le loup passe, la forêt pousse. » Évidemment, ces bêtes ne peuvent pas planter d'arbres, mais elles empêchent qu'ils ne soient dévorés. En hiver, les bourgeons des jeunes arbres finissent dans la panse des chevreuils ou des biches, dont le nombre a dangereusement grimpé, principalement en raison de l'agrainage, ce nourrissage du gibier organisé par les chasseurs. Sans oublier les gros groins des sangliers qui retournent le sol des forêts et engloutissent presque tous les glands de chêne et faînes de hêtre. Conséquence : au printemps, pas de nouveaux arbres ou presque. Pour finir, ce sont surtout les jeunes feuillus qui en souffrent, alors que, sous nos latitudes, les forêts primaires étaient presque exclusivement des forêts de feuillus. Là où tout a été dévoré, les propriétaires forestiers aux abois plantent des épicéas et des pins, parce qu'au même titre que les orties et les chardons dans les pâturages, ils ne sont presque pas attaqués par les bêtes. Leurs aiguilles sont trop dures à leur goût, et quant à leur résine et à leurs huiles essentielles, nous l'avons dit plus haut, elles sont si amères et si collantes qu'elles coupent l'appétit aux chevreuils comme aux cerfs. Résultat : une grande partie de nos forêts est aujourd'hui constituée de monotones plantations de résineux. Mais le grand retour du loup rebat les cartes. Le salut viendra-t-il du grand méchant loup ? Ce n'est pas si simple. Les loups sont des carnassiers qui goûtent par-dessus tout la chair des sangliers, des chevreuils, biches et cerfs. Dès lors qu'une meute de chasseurs à poil gris hante les lieux, le nombre de ces bêtes devrait en principe reculer.

Mais la nature a un fonctionnement plus complexe. Pour comprendre comment les populations de prédateurs et de proies interagissent, jetons un coup d'œil à notre jardin. Il nous offre le tableau d'une situation concurrentielle classique : nous autres humains souhaitons y faire pousser de bons légumes ou de magnifiques rosiers ; les insectes, souris et escargots qui y vivent, quant à eux, raffolent de ces mêmes végétaux que nous soignons avec amour à grand renfort d'engrais. Si l'on ne veut pas sortir l'arsenal chimique, on pense « animaux utiles ». Coccinelles, mésanges charbonnières, hérissons ou buses, ils ne demanderaient qu'à nous aider. Vraiment ? Peut-on augmenter le nombre de ces prédateurs au point de lutter efficacement contre les nuisibles ? D'un point de vue purement scientifique, la belle histoire des insectes et autres animaux utiles est à remiser parmi les vieux mythes. Le paradoxe insoluble est que ces fameux « auxiliaires du jardinier » ne peuvent se reproduire que si les nuisibles restent nombreux. Le temps que les descendants de ceux que vous aurez introduits voient le jour et la saison sera passée : pour votre jardin, il sera déjà trop tard. À moins que cela ne fonctionne dans l'autre sens ? Pendant mes études, j'ai appris que c'est le gibier qui régule la population des prédateurs, et non l'inverse. Ce qui paraît logique, mais ne correspond pourtant pas à la réalité. Dans le cas de ces équilibres et régulations, on assiste à des phénomènes de vagues successives. Déplaçons-nous jusqu'au lac Supérieur, dans l'État américain du Michigan, où se trouve l'Isle Royale. Pourquoi ? Parce que la nature y a lancé une expérience originale, à laquelle, à partir de l'année 1958, les chercheurs ont pu participer par leurs observations. Première étape : en avançant sur le lac gelé, des troupeaux d'élans sont arrivés sur l'île, et s'y sont massivement reproduits. Ils ont attaqué les sous-bois, détruisant une grande partie des jeunes arbres. Deuxième étape : par un autre hiver froid, c'est une meute de loups qui a suivi le même chemin. Comme on l'imagine, elle a sérieusement éclairci les rangs des grands herbivores. Or, pour les chercheurs, l'isolement du lieu était une véritable aubaine : les deux populations se retrouvaient pour ainsi dire prisonnières de l'île, ce qui permettait d'étudier les interactions entre elles à une échelle limitée (sur cinq cents kilomètres carrés tout de même).

L'hypothèse de départ était la suivante : la reproduction des loups ferait chuter les effectifs d'élans, puisque ceux-ci seraient soumis à une chasse plus intense. Mais ensuite, la population des loups finirait par décroître, car il leur serait plus difficile de se nourrir : les herbivores étant plus rares, les efforts pour les débusquer et les chasser seraient accrus, et davantage de loups mourraient de faim. La population d'élans se remettrait alors à croître. Mais on pouvait aussi voir le tableau autrement : quand les herbivores trouvent aisément de quoi se nourrir, ils se reproduisent davantage, si bien que les loups en trouvent davantage à chasser. Les effectifs ont donc tendance à se reconstituer : plus les loups tuent d'élans, plus ceux-ci se reproduisent. Du côté des prédateurs, davantage de loups signifie davantage de stress, car la répartition du territoire de chasse est plus difficile. Les fluctuations des populations d'élans dépendent donc plus fortement de leur environnement que de la présence des loups, surtout dans le cas où une année maigre s'annonce. Un hiver rude est synonyme de disette, et de mort pour de nombreux élans. Les survivants étant chassés plus intensément par les loups, le nombre des élans peut s'effondrer brutalement[17]. Vous êtes perdu ? Je veux bien le croire… le but de ce récit est seulement de montrer que, dans la vraie vie, les phénomènes naturels ne sont pas aussi simples que ce que l'on nous enseigne à l'école. Le vieux proverbe russe sur le loup et la forêt dirait-il vrai ?

La réponse dépend de ce que l'on regarde. Si, au lieu de se fixer sur les effectifs d'herbivores, on s'intéresse aux changements dans leurs comportements, les choses s'éclaircissent. Je vous propose de nous transporter à nouveau aux États-Unis, cette fois dans le parc national de Yellowstone. Ce vaste espace est lui aussi peuplé de bien trop nombreux herbivores (surtout des wapitis), d'où d'importants dommages causés aux arbres, avec des paysages entiers complètement dévastés. Longtemps, les rangers chargés de l'entretien du parc n'ont fait qu'aggraver le problème en nourrissant les bêtes en hiver, ce qui a fait démesurément enfler les effectifs. En 1995, changement de méthode : en collaboration avec des scientifiques, les gardes du parc organisent la réintroduction de loups. Jusqu'en 1996, ce sont au total 31 individus qui prennent leurs quartiers dans le parc, ne tardent pas à se reproduire et, surtout, à faire ce qu'on attendait d'eux : dévorer force cervidés. Au nombre de 16 791 en 1995, les wapitis ne sont plus que 8 335 en 2004, après une diminution régulière. Leur nombre se stabilise alors à ce niveau bas, tandis que la population de loups est montée à environ 300[18].

Mais plus encore que leur diminution numérique, c'est leur changement de comportement qu'il faut retenir. Jadis, cerfs et élans venaient volontiers brouter au bord des cours d'eau, en détruisant par la même occasion les berges, rempart naturel contre l'érosion. Rivières et ruisseaux s'élargissaient, emportant toujours plus de bonne terre riche en minéraux. L'eau devenue trouble perturbait les poissons et autres organismes aquatiques, et le parc devenait par endroits un véritable zoo dédié aux cervidés. Avec le retour du loup, wapitis et élans se sont mis à éviter les abords des cours d'eau, où ils constituaient des proies faciles.

Très vite, buissons et arbres sont revenus protéger les berges, permettant du même coup l'installation de castors, qui avaient déserté les lieux faute de troncs pour construire leurs barrages et de branches pour se nourrir. Les rivières se sont remises à serpenter au fond des vallées, et le ralentissement causé par ces méandres a également freiné l'érosion. Tout ceci grâce à la présence d'un grand prédateur, dont on pourrait attendre les mêmes bénéfices s'il revenait s'installer chez nous.

Mais voici que ressurgit le fantasme du Petit Chaperon rouge : la forêt redeviendrait donc dangereuse ? Il faudrait mettre à l'abri nos enfants si les loups se mettaient à rôder autour de leurs arrêts de bus ? Gerd Steinberg, membre d'une association hostile à la réintroduction du loup, a raconté à un journal local qu'un loup avait été vu rôdant à proximité de deux fillettes à un arrêt de bus de campagne, dans la Saxe. À en croire ce récit, les enfants avaient réussi à monter dans le bus juste à temps, sinon[19]… Ces histoires modernes évoquent les contes du temps passé. Sous la plume des frères Grimm ressurgissaient déjà des peurs et des mythes très anciens ; c'est dans ce même fonds ancestral que viennent puiser les conteurs d'aujourd'hui. C'est ainsi que circulent toujours les histoires : on connaît quelqu'un qui connaît quelqu'un qui a vraiment vécu une rencontre avec le loup (croix de bois, croix de fer !). Érigée au rang de vérité, l'imagination fait naître des fruits si étranges qu'on ne sait plus ce qu'on doit croire. Pour apporter un peu de clarté dans la jungle de ce débat, considérons de plus près les différents camps en présence. Commençons par les chasseurs. Avec le retour du loup, ils perdent l'un de leurs meilleurs

**Meute de loups chassant un wapiti,
parc national de Yellowstone, États-Unis.**
« Où le loup passe, la forêt pousse. » La réintroduction du loup
dans le parc de Yellowstone illustre bien ce proverbe : la présence
du grand prédateur a non seulement régulé la population de cervidés,
mais aussi modifié son comportement.

arguments. En effet, ils pouvaient justifier leur activité de la façon suivante : comme, dans nos contrées, il n'existe plus aucun grand prédateur, c'est au chasseur que cette tâche se trouve aujourd'hui dévolue. Sans une limitation des effectifs débordants, champs et forêts seraient en un rien de temps dévorés par les herbivores.

Outre la disparition de cette justification, un autre motif de colère se présente. Et si un concurrent animal venait profiter indûment de ce magnifique chevreuil si soigneusement préservé pour faire un beau tableau de chasse (on lui avait même donné un petit nom !) ? Et si ses imposantes cornes allaient pourrir dans un coin sombre de la forêt ? Finis, ces week-ends de détente passés en haut du mirador à voir défiler tant de cerfs, de chevreuils ou de sangliers, dans cette forêt pleine à craquer ! On ne pourrait plus rien contrôler, plus rien prévoir. Rien d'étonnant à ce que le loup soit vu comme le grand rival du chasseur, et à ce que son retour soit contré par tous les moyens légaux. Ou illégaux : l'abattage sauvage, méthode efficace s'il en est, constitue un délit qui a tendance à se répéter, mais reste officiellement passible d'un procès. Autre stratégie moins risquée : influencer l'opinion publique. Ce qui se fait d'abord très subtilement. Mettons que le loup ait été réintroduit dans une certaine région. En réalité, il serait plus juste de dire que son retour naturel n'a pas été empêché. La différence semble minime, mais elle est très importante. En effet, la première formulation évoque une intervention illégale dans le milieu naturel, l'autre le respect du droit national et international accordant protection à un animal rare qui vagabonde à sa guise.

Mais à vrai dire, les chasseurs n'ont pas trop de souci à se faire : l'exemple nord-américain a montré que les chevreuils et cerfs ne risquent pas la disparition. Certes, il faut sans doute s'attendre à quelques soirées sans qu'aucun gibier ne se montre. Mais des forêts vidées de leur gibier, c'est impossible : les prédateurs en seraient eux-mêmes réduits à mourir de faim. Il existe tout de même des exceptions ; les animaux artificiellement introduits, comme les mouflons, passent un sale quart d'heure dans le territoire de loups. Ces moutons ont des cornes particulièrement impressionnantes qui se tordent en spirale des deux côtés de leur crâne. Sous la forme de trophées, ils sont très appréciés. Mais là où le bât blesse, c'est que les mouflons sont en fait des animaux domestiques, vivant originairement sur le pourtour méditerranéen. Pour accroître l'offre de trophées spectaculaires, des chasseurs les ont introduits en Allemagne, en Autriche et en Suisse.

Or, ces bêtes montagnardes connaissent sous nos latitudes de sérieux problèmes : leurs sabots, habitués aux rochers d'altitude, poussent particulièrement vite. Sur le sol meuble de nos forêts, en revanche, cela ne fonctionne pas du tout : leurs «ongles des pieds» (ou onglons) deviennent de plus en plus longs, se recourbent, et se mettent à pourrir par en dessous. Néanmoins, quelques bêtes parviennent encore à se traîner péniblement à travers leur territoire. Et là, le loup entre en scène. Comme il cherche à économiser son énergie en choisissant les proies les plus faciles, il a tôt fait de jeter son dévolu sur les mouflons. Là où les deux espèces se rencontrent, le mouflon disparaît. On pourrait le dire autrement : le loup rétablit l'équilibre naturel. Inutile de préciser que cela n'est pas pour plaire aux chasseurs. Mais ne pourrait-on pas, en retournant l'argument, l'utiliser contre l'introduction artificielle du loup ? Non, le raisonnement serait fallacieux, car le chasseur gris est revenu tout seul.

Toutefois, l'argument est trop beau pour être abandonné si facilement, et d'aucuns s'obstinent à le brandir. Ainsi, en 2014, la revue *Jägermagazin*, destinée aux chasseurs, affirme que la police allemande a intercepté à la frontière germano-polonaise une camionnette contenant plusieurs lynx et loups embarqués illégalement pour être ensuite libérés en Allemagne. Le service de presse de la police fédérale a été contraint de publier un communiqué officiel pour dissiper le malentendu. Selon celui-ci, un véhicule avait en effet été contrôlé, et on y avait effectivement découvert un loup des steppes. Toutefois, il ne s'agissait pas d'un animal… mais seulement d'un vélo de la marque Steppenwolf, qui, dans le cadre d'un trafic, devait être non pas importé, mais exporté hors du pays[20] !

Deuxième catégorie d'opposants au loup : les éleveurs, inquiets pour leurs bêtes, qui se retrouvent trop souvent offertes au prédateur comme sur un plateau. Les clôtures de quatre-vingts centimètres de haut ne suffisent pas à empêcher les loups d'accéder jusqu'au buffet – si tant est que les bêtes soient enfermées. Des pratiques pastorales compréhensibles chez les éleveurs nomades relèvent parfois du simple confort pour les éleveurs d'aujourd'hui. Nous avons pu observer fréquemment, en Norvège par exemple, des troupeaux divaguant sans aucune surveillance en pleine nature, pour être ensuite rassemblés et ramenés au bercail quand vient l'automne. Pour se rassasier, le loup va toujours au plus facile, et une brebis court moins vite qu'un chevreuil ou un sanglier. Rien d'étonnant à ce que les Norvégiens ne tolèrent qu'une toute petite population de loups cantonnée à la frontière avec la Suède, pour pouvoir retrouver un maximum de brebis indemnes à la fin de chaque saison.

Ailleurs en Europe, les modes d'élevage varient, mais le recours aux enclos reste le plus fréquent. Souvent, les troupeaux de moutons et de chèvres sont de taille réduite et constituent plutôt pour leurs propriétaires un complément de revenus, voire un hobby*. Je pense

---

* Dans plusieurs régions françaises, en revanche, l'élevage caprin et surtout ovin constitue une importante activité économique, et la coexistence entre le pastoralisme et les loups, ou les ours dans les Pyrénées et les Alpes, ne va pas sans difficultés.

ici à nos trois chèvres, loin d'être indispensables à notre subsistance quotidienne, mais auxquelles nous sommes très attachés. Pour les mettre à l'abri des loups, rien de plus simple : nous avons investi dans une clôture électrique suffisamment haute. Les préconisations étaient de 90 centimètres, mais par sécurité, nous avons opté pour 1,20 mètres. Avec sa structure en filet, ce dispositif ne laisse passer ni loup ni renard. Il faut simplement veiller à ce que l'herbe soit toujours bien tondue aux abords de la clôture. Si on laisse pousser l'herbe sous les fils électriques, le courant s'enfuit dans la terre et l'effet répulsif est perdu. En temps normal, au moindre contact, le système envoie une bonne décharge électrique. Je peux en témoigner : c'est doulou-reux ! Je m'en suis bien rendu compte toutes les fois où j'ai fait des travaux sur la clôture en oubliant de la mettre sur « off ». La douleur est si vive qu'on se garde bien d'y toucher pendant plusieurs jours. À l'intérieur de l'enclos, les chèvres en tirent aussi la leçon, et sans doute en va-t-il de même pour les prédateurs, de l'autre côté de la barrière. Au-dessus du grillage, il est utile d'ajouter une rubalise bien visible, qui dissuade les prédateurs de sauter par-dessus.

Oui, mais, objectent les bergers, tout cela a un coût. Pour les professionnels qui entretiennent de vastes troupeaux de brebis ou de chèvres, je comprends tout à fait le problème. Mais les États réagissent et proposent des aides destinées aux éleveurs. Au-delà des seules clôtures, ces mesures incluent l'acquisition de chiens adaptés, qui vivent aux côtés du troupeau, auquel ils finissent par s'assimiler. Leur présence continuelle, jour et nuit, dissuade les agresseurs. La plupart du temps, il leur suffit de se montrer pour mettre en déroute les loups… voire le promeneur qui aurait l'imprudence d'approcher un peu trop. Contrairement aux chiens de berger « classiques », qui passent leur temps à courir et gambader autour du troupeau pour le pousser dans telle ou telle direction indiquée par le berger, on voit souvent les chiens patous sommeiller près des bêtes qui broutent, à peine détectables. Partout où l'on a recours à ces auxiliaires, la cohabitation entre l'homme et le loup s'apaise.

Mais nous avons jusqu'ici parlé du loup sans même prendre le temps de le présenter. Or c'est important afin de mieux comprendre comment il pourrait partager notre espace de vie. Tout d'abord, le loup est un prédateur, c'est-à-dire qu'il lui faut chasser d'autres animaux pour vivre. Dans son spectre entrent, sous nos latitudes, les chevreuils, les cerfs et leur petite famille, et les sangliers. Les humains, eux, ne l'intéressent pas. En l'absence de grands mammifères, les loups se rabattent sur des animaux plus petits, jusqu'aux souris, à même de calmer une petite faim (de loup).

Bref, le loup n'est généralement pas dangereux pour l'homme, qui le voit peu, car il est farouche. Il ne nous apprécie ni comme repas, ni comme maître, et se contente de nous éviter. Mais il ne fuit pas notre lieu de vie, cet écosystème profondément modifié par les activités humaines qui constitue l'essentiel de ce que nous avons à offrir, dans une Europe où la nature vierge est réduite à la portion congrue. Toutes les forêts primaires ou presque ont été défrichées et de vastes pans du paysage transformés en steppes artificielles où poussent soit de l'herbe, soit des cultures agricoles. Ce paysage est découpé en toutes petites parcelles isolées par des voies de circulation de toutes dimensions. Dans un pays comme l'Allemagne, ce sont près de 650 000 kilomètres de routes goudronnées[21], auxquelles il faut ajouter 1,4 million de kilomètres de chemins forestiers viabilisés pour le transport du bois. On est bien loin du silence et de la solitude proverbiale des forêts.

Le loup s'en accommode plutôt bien, tant qu'il peut trouver un coin tranquille pour élever ses louveteaux. Pour cela, quoi de mieux qu'un terrain militaire ? Certes, à certains moments, ces zones sont loin d'être calmes, mais en tout cas, les promeneurs du dimanche et autres ramasseurs de champignons en sont bannis. On y trouve quantité de gibier potentiel, chevreuils, biches, cerfs, sangliers, qui y prolifèrent pour les mêmes raisons, et que le loup goûte finalement davantage que nos animaux domestiques certes plus faciles à chasser, mais gardés bien à l'abri derrière leurs clôtures. En Lusace, région frontalière de la Pologne, de part et d'autre de la Neisse, on possède déjà une longue expérience de la présence des loups. Des analyses y ont été menées sur son régime alimentaire, à partir de nombreux échantillons de déjections. Avec plus de 50 %, c'est le chevreuil qui arrive en tête, suivi par le sanglier et le cerf. Les animaux familiers et les souris ont été regroupés dans la même catégorie, tant leur nombre était réduit : moins de 1 %[22].

Si les loups, en tant qu'espèce suiveuse, s'adaptent pour le mieux à un environnement anthropisé, c'est-à-dire peuplé et modifié par l'homme, ils s'en prennent rarement à nos animaux domestiques ou d'élevage. Quant aux animaux sauvages, même si les chasseurs les considèrent volontiers comme « appartenant » à leur zone de chasse, ils sont juridiquement sans propriétaires, et n'appartiennent qu'à eux-mêmes. Les seuls à subir d'importants dommages sont finalement les éleveurs, notamment ceux qui refusent les aménagements et aides évoqués plus haut. C'est un peu court pour constituer un front uni contre le retour du loup.

En dernier recours, on sort un ultime atout de sa manche : le mot « problème ». Accolé à un animal, ce mot finit par attirer, bon gré mal gré, l'attention des autorités. Bruno, l'ours brun qui vagabondait en Bavière durant l'année 2006, est le premier à en avoir fait les frais. Au début, son arrivée a été saluée comme une bonne nouvelle. Mais la population n'avait pas été préparée à la présence d'un si gros omnivore sauvage. Tout comme le loup face à une conduite de troupeaux non adaptée, l'ours fait des siennes s'il rencontre des ruches non protégées, ou encore une brebis laissée sans surveillance. Ces attaques font de lui «l'ours à problème», autrement dit l'ours à abattre – ce qui n'a pas manqué d'arriver. Aujourd'hui, l'ours Bruno est toujours en Bavière, mais à Munich, sagement empaillé au Musée de l'homme et de la nature. Ne devrait-on pas réserver le même sort au loup ? N'y a-t-il pas eu suffisamment de rencontres potentiellement dangereuses pour l'homme ?

Quoi qu'il en soit, toutes les attaques dangereuses commises en Allemagne sont le fait non pas de loups, mais de «presque-loups». Vous l'aurez compris, je veux parler ici des chiens dangereux, qui ne se distinguent de leurs cousins sauvages que sur un point : ils sont apprivoisés et ne craignent donc pas le contact. En cas de rencontre, ils ne cherchent nullement à garder leurs distances, au contraire. Une revue médicale allemande a recensé chaque année 30 000 à 50 000 blessures par morsure, dont 60 à 80 % occasionnées par des chiens[23]. Imaginez que, chaque année, on recense ne serait-ce que dix morsures imputables à des loups : je crois que, dans les régions touchées, on assisterait à des mouvements massifs de protestation et à l'abattage sauvage des animaux «problématiques». Or, dans la vraie vie, ces dix cas n'existent même pas. Et quelles mesures la population réclame-t-elle contre les chiens ? N'y a-t-il pas ici deux poids, deux mesures ? Pour ma part, au coin d'un bois, je préférerais mille fois tomber sur un loup en liberté que sur un gros chien ayant échappé à son maître – car je sais bien que le chien est susceptible de mordre.

Mais si un jour vous êtes assez chanceux pour vous retrouver nez à nez avec un authentique loup, votre cœur battra la chamade, c'est certain. En prévision, sait-on jamais, quelques conseils ne peuvent pas faire de mal : faites-vous aussi grand que possible, tapez dans vos mains, criez pour attirer son attention. Le regarder dans les yeux peut aussi être efficace. Si vous n'êtes vraiment pas rassuré, vous pouvez reculer lentement. J'insiste ici sur *lentement* : en effet, partir en courant est la dernière chose à faire, car cela pourrait réactiver le réflexe de poursuite du prédateur. Ne lui jetez pas de pierres ni de bâtons, ce qui ne servirait à rien, si ce n'est à exciter sa curiosité. Pour parer à toute éventualité, vous pouvez aussi vous munir d'une bombe à poivre – mais c'est le grand maximum. Les loups sont bien plus curieux qu'agressifs. La plupart du temps, vous aurez juste l'occasion de les apercevoir de loin, avant qu'ils ne disparaissent rapidement.

Ces conseils sur le comportement à adopter face à un loup, je les ai recueillis auprès de mon amie Elli Radinger, une spécialiste qui a fait paraître plusieurs livres à leur sujet. Avec un autre expert, Günther Bloch, elle a réuni ces recommandations dans le livre *Der Wolf ist zurück* (« Le loup est de retour »). En matière de conseils, rien ne vaut ceux de vrais spécialistes. Hélas, on a sans cesse affaire à des experts autoproclamés, ou employés par les autorités, qui ne comprennent pas grand-chose au comportement de ces bêtes, faute d'avoir pu les observer en liberté. C'est ainsi que se propagent les histoires de loups à problèmes, qui se seraient approchés plus que de raison des habitations en perdant la crainte naturelle du contact. Il faut avouer que les loups se soucient fort peu de la façon dont nous interprétons leurs faits et gestes, du moment que personne ne vient les importuner. Elli Radinger raconte ainsi que non loin de la ville de León, en Espagne, une louve avait coutume de se promener dans un champ de céréales en compagnie de ses onze louveteaux, tandis que, tout près d'elle, le fermier sur son tracteur était en train de moissonner. Dans la ville roumaine de Brașov, les habitants croisaient régulièrement la louve Timisch, que l'on prenait pour un chien à cause de son collier traceur. Même dans ces cas avérés de rapprochement, il ne s'est jamais rien passé, ce qui devrait tout de même nous disposer à une approche plus détendue de la coexistence avec le loup[24].

Toutefois, si les loups ne sont généralement pas dangereux, il ne faut pas pour autant en avoir une vision idyllique. Ce n'est pas sans raison que l'on interdit leur possession, sauf dans quelques cas bien précis, et que la même chose vaut pour les animaux issus de croisement entre loups et chiens. En effet, les loups restent ce qu'ils sont : des êtres sauvages, et non pas des compagnons à câliner. Il est tout aussi interdit de nourrir les loups, et c'est le seul véritable danger auquel pourrait conduire un amour immodéré des animaux. Car ce comportement incite les loups à surmonter leur répulsion innée pour le contact et à outrepasser les distances de sécurité qu'ils veillent d'ordinaire à maintenir. Cet argument du rapprochement inévitable est précisément utilisé par les opposants à la présence du loup : on peut parfois voir cette distance se réduire, notamment chez les louveteaux, qui dans de très rares cas s'approchent par curiosité d'un représentant de l'espèce humaine, jusqu'à quelques mètres, avant de tourner les talons. Malheureusement, l'angoisse suscitée par les récits de ces inquiétantes rencontres exerce sur nous le même pouvoir que tout ce qui touche aux requins. Depuis le film *Les Dents de la mer*, d'innombrables documentaristes s'efforcent de corriger dans l'esprit du public l'image terrifiante qui en a été propagée – jusqu'ici en vain.

Le loup n'est pas le seul grand prédateur qui se risque à reconquérir nos forêts. J'ai évoqué plus tôt les mésaventures de l'ours Bruno, qui fut le premier de son espèce à faire son retour en Allemagne après des décennies d'absence. La cohabitation avec ce grand omnivore pourrait-elle se passer aussi harmonieusement qu'avec le loup ? La question reste posée. Certes, l'antique roi des forêts ne goûte pas davantage la chair humaine ; mais son régime alimentaire se rapproche bien plus du nôtre. Cultures agricoles, baies, champignons, miel ou animaux domestiques, tout suscite sa convoitise. Il peut aussi arriver que certains individus se spécialisent dans des délices pour nous inacceptables. Un collègue m'a ainsi rapporté que lors de son stage en Norvège, les ours des montagnes avaient coutume de s'en prendre aux mamelles des brebis. Non pas pour en boire le lait, mais pour consommer ces tissus particulièrement tendres de l'animal. Ils assommaient les brebis d'un coup de patte, avant de mordre cruellement leurs victimes étourdies entre les pattes arrière. En Norvège comme ailleurs, la vue de leurs bêtes mutilées met les bergers dans une rage aisément compréhensible. Dans le contexte d'un pastoralisme sans clôture ni garde constante, la tolérance face à l'imposant plantigrade a tôt fait de se réduire comme peau de chagrin. Dans certains pays, comme en Roumanie, on observe également des cas où les ours ne se laissent pas chasser du centre-ville. Comme ils aiment les mêmes produits que nous, nos poubelles sont pour eux une véritable aubaine. C'est là toute la différence avec les loups, puisque ces derniers ne s'intéressent qu'aux proies vivantes, que l'on trouve plus facilement à l'écart des zones habitées.

La possibilité de laisser le loup se réinstaller en Europe dépendra donc de notre plus ou moins grande capacité à tenir les animaux sauvages à distance de nos agglomérations. Les effaroucher en faisant du bruit et en tirant des balles en caoutchouc serait le moyen le plus respectueux de l'animal, mais les résultats ne sont pas garantis. En dernier recours, ce qui serait inutile pour le loup pourrait s'avérer un mal nécessaire pour l'ours : la chasse.

En Suède (le pays de l'Union européenne qui compte la plus grosse population d'ours, avec la Roumanie), ce système fonctionne apparemment si bien qu'il est devenu extrêmement rare d'apercevoir un ours. Alors qu'en Norvège, les ours sont à peine une trentaine, la Suède en abrite près de 2 000 à 3 000. Je mesure la chance que j'ai

Lynx boréal, Bavière, Allemagne.
Régulièrement victime d'abattages sauvages,
ce félin solitaire évite le voisinage des hommes, lui préférant
les forêts profondes ou les zones de moyenne montagne.

eue de pouvoir observer, lors d'un grand circuit de randonnée dans une zone repeuplée par les prédateurs sauvages, quelques empreintes et quelques tas d'excréments. C'est un point à ne pas oublier : à se préoccuper d'abord des risques, n'a-t-on pas tendance à oublier tout ce que ces bêtes sauvages ont à nous offrir ? Lorsque la nature reprend ses droits, les sorties en forêt n'en deviennent que plus palpitantes. Les balades sur les traces des loups ne sont plus limitées au parc de Yellowstone, mais s'organisent désormais en plein cœur de l'Allemagne ou d'autres pays voisins. Des prédateurs qui viennent au secours de l'industrie touristique : voilà le genre de gros titre que j'aimerais lire dans nos journaux.

Dans ce panorama de nos grands prédateurs, n'oublions pas ces énormes chats (aussi gros que des bergers allemands !) qui parcourent à nouveau certaines zones de moyenne montagne en Europe : les lynx. Pour leur part, ils ne parviennent pas à faire leur retour en forêt par leurs propres moyens, car ils se reproduisent plus difficilement que les loups, et sont donc plus durement touchés par les abattages sauvages. Ici encore, la raison en est leur appétit de cerfs et de chevreuils, qui en fait aux yeux de certains chasseurs amateurs de trophées des concurrents indésirables. Comme les lynx évitent plus strictement que tout autre prédateur le voisinage des humains, qu'ils ont un mode de vie solitaire et ne quittent pratiquement pas la forêt profonde, vous n'aurez sans doute jamais l'occasion de voir une de ces magnifiques bêtes en liberté. Un espoir subsiste : apercevoir un jour ses empreintes sur la neige.

Dépoussiérer la botanique

Je n'ai jamais aimé les visites guidées qui sentent le renfermé. Dans un musée, dans les rues d'une ville ou en forêt, dès qu'on se met à débiter des informations sans une once de fantaisie, je suis vite gagné par l'ennui. Dans une salle de classe ou de conférences, c'est à peu près la même chose. C'est pourquoi j'ai conçu, au contact du public, des visites guidées d'un nouveau type. Pour identifier un arbre, pourquoi faudrait-il se limiter à la forme des feuilles ou des aiguilles, au lieu d'en reconnaître le goût ? J'ai toujours encouragé les élèves des écoles voisines venus crapahuter en forêt avec moi à mordre de bon cœur dans les bourgeons, feuilles et écorces. Prenez par exemple les bourgeons d'épicéa. Au printemps, ils sont encore tendres, faciles à mâcher, avec une saveur légèrement citronnée et un discret arôme de résine.

Parce qu'ils ont appris à goûter, à humer pour mieux connaître, les élèves que j'accompagne se font régulièrement remarquer lors des quiz sur la forêt organisés par les autorités régionales : « Ça, c'est encore une classe de M. Wohlleben ! »

Naturellement, je n'encourage personne à mettre en bouche tout ce qu'on trouve dans la forêt. Il existe tout de même, au pied des arbres, quelques espèces toxiques que nous présenterons plus loin.

Mais pour apprendre à reconnaître un pin, un chêne ou un saule, ce qu'on lit dans un ouvrage, si bien fait soit-il, ne s'imprime pas aussi durablement en nous qu'une connaissance acquise par tous nos sens – et c'est encore plus vrai pour les enfants.

Le goût acidulé, la saveur désaltérante d'une jeune pousse de résineux : voilà qui reste gravé dans la mémoire bien plus durablement que des noms latins plus ou moins poussiéreux.

Quant aux jeunes feuilles du mois de mai, elles sont bien tendres, avec une note légèrement acidulée, juste avant l'arrivée de la résine. Elles seront parfaites dans une salade des bois – toujours fraîchement cueillie. Il faudra ajouter la sauce au moment de la dégustation, sans quoi les petites feuilles n'y résisteront pas. En récoltant quelques feuilles sur les branches basses d'un arbre, vous ne lui faites absolument aucun mal. D'ailleurs, d'autres que vous auront eu la même idée : coléoptères variés, mais aussi chevreuils, cerfs, biches et faons, qui apprécient comme vous ces morceaux de choix.

De fait, les jeunes pousses de nombreux arbres de nos contrées sont comestibles. Érables, bouleaux, chênes, pins, mélèzes et même arbres fruitiers, toutes les jeunes pousses sont bonnes, et chaque espèce a sa propre saveur. Pour mieux connaître toutes les essences de nos forêts, quoi de mieux qu'un tel voyage gustatif ? Mais attention, il y a tout de même quelques exceptions. Les aiguilles de l'if, par exemple, ressemblent à celles du sapin, avec lesquelles il est possible de les confondre ; mais elles sont hautement toxiques.

Le nez, lui non plus, ne chôme pas. Frottées entre les doigts, les aiguilles du sapin douglas ont une senteur qui rappelle l'orange. Le chêne dégage une forte odeur d'acide tannique, substance que l'on extrayait jadis de son écorce. Cet acide sert à éloigner les nuisibles, ce qui explique que les bancs de jardin en chêne résistent si bien aux attaques de champignons.

Citons une espèce exotique que l'on trouve plutôt dans nos parcs et jardins, et qui se caractérise par une odeur particulièrement déplaisante. C'est le ginkgo, cet arbre si ancien dans l'histoire de l'évolution qu'il fait figure de fossile vivant. Cette antériorité force à coup sûr le respect, tout comme les nombreux remèdes que l'on a pu extraire de ses feuilles. Mais lorsque les arbres sont en fleurs, pas de doute, ça sent mauvais : les fruits produits par les sujets femelles empestent l'acide butyrique – autrement dit le vomi. Voilà pourquoi, si vous souhaitez planter un ginkgo pour faire de l'ombre dans votre jardin, il vaut mieux choisir un sujet mâle.

Mais peut-être les goûts et les odeurs ne vous en disent-ils pas assez ? Vous trouverez ici une description plus exacte des espèces les plus courantes dans nos forêts.

L'ÉPICÉA ou le mal du pays

L'épicéa *(Picea abies)* est aujourd'hui l'une des essences les plus répandues. Il occupe la première place en Allemagne, où près d'un arbre planté sur quatre est un épicéa*. C'est l'arbre de plantation par excellence, généralement tout droit venu d'une pépinière. À l'état naturel, l'épicéa apprécie l'humidité et le froid, et donc le climat classique de la taïga, le type de forêt que l'on trouve au nord de la Scandinavie, de la Russie, ou encore sur les hauteurs des Alpes. Cependant, de nos jours, on le rencontre partout, y compris à basse altitude et plus au sud. Si les propriétaires et les exploitants forestiers

---

* En France, l'épicéa est surtout présent dans l'est et le centre du pays. L'espèce la plus répandue est le chêne, dont les différentes essences (chêne pédonculé, chêne pubescent, chêne vert…) représentent près de 40 % des arbres. De manière générale, la part des feuillus est plus importante, avec 65 % de feuillus contre 35 % de résineux.

l'aiment tant, c'est principalement pour deux raisons. D'une part, il pousse toujours bien droit (un vrai défi à la gravité). D'autre part, les cerfs et chevreuils n'apprécient que modérément ses jeunes pousses hérissées d'épines acérées. Son bois se prête à la fois à la construction et à la production de pâte à papier, ce qui le rend facile à écouler sur le marché. Or, en dépit de ces avantages, toute une série de raisons devraient s'opposer à son implantation. D'un point de vue écologique, on pourrait citer des milliers d'insectes, pour certains microscopiques, qui n'ont aucun appétit pour ses aiguilles si acides. Comme, au pied des épicéas, rien d'autre ne pousse ou presque, toute cette petite faune est condamnée à mourir.

Pour le différencier des autres espèces de résineux, on observera son écorce (assez lisse, d'un brun rouge) et ses fruits, qu'on appelle des cônes (de forme très allongée, marron clair, ils atteignent une bonne dizaine de centimètres) : ces deux caractéristiques sont faciles à distinguer depuis le sol.

Dans les prochaines décennies, l'épicéa est voué à disparaître de la plupart des forêts d'Europe, sauf dans les zones les plus septentrionales. C'est une conséquence prévisible du réchauffement climatique. Pour cet arbre venu du froid, la chaleur et la sécheresse donnent le signal du départ : ce processus est déjà amorcé, comme j'ai pu le constater dans les environs de ma petite ville natale de Sinzig, non loin de Bonn (Rhénanie-Palatinat). Dans cette vallée, le climat est presque méditerranéen, avec la plupart du temps quatre degrés au-dessus des températures constatées dans les forêts de l'Eifel, où se trouve notre maison forestière. Chaque année, le bostryche typographe, un petit coléoptère xylophage, ravage toutes les plantations de résineux. Ce parasite ne s'en prend qu'aux arbres déjà mal en point, incapables d'activer leurs mécanismes de défense. En période de sécheresse, les épicéas, un peu comme s'ils étaient à court de salive, ne peuvent pas sécréter la résine qui les aiderait à repousser les attaques de coléoptères. Or, cette soif est devenue la norme dans la plupart des régions d'Europe, et l'augmentation d'un degré de la température moyenne déjà constatée aujourd'hui dans ma région natale comme en bien d'autres endroits condamne l'épicéa à disparaître.

LE PIN – omniprésent et fragile

Le pin (*Pinus*), comme l'épicéa, a connu une rapide expansion partout en Europe. La foresterie a poussé cet arbre bien au-delà de ses limites naturelles, originellement situées, pour la variété *sylvestris* (pin sylvestre), dans les mêmes régions humides et froides. D'après les inventaires forestiers, cet arbre constitue actuellement 25 % des forêts allemandes*. Je n'ai rien contre les pins, bien au contraire, ce sont des arbres magnifiques. Autour de notre maison forestière s'élèvent quelques exemplaires âgés de presque cent cinquante ans. Leur écorce épaisse et creusée de profondes rides qui devient lisse et orangée dans les hautes branches, leurs longues aiguilles joliment groupées deux par deux et implantées sur tout le pourtour des branches, la belle forme de leurs cônes courts, les fameuses «pommes de pin»: voilà de quoi réjouir la vue. Comme la maison a été construite en 1934, les grands pins étaient déjà là avant elle.

Quelques pins contribuent à enrichir un parc ou un jardin; mais regroupez-les par centaines de milliers, et vous créez un désert vert. C'est le cas dans la région du Brandebourg, près de Berlin, où plus rien ne survit sous les monotones rangées de troncs des grandes plantations. Les feux de forêt, totalement inconnus jadis des forêts

---

* En France, les différentes espèces de pins représentent moins de 15 % des arbres. Source: *Le Mémento. Inventaire forestier*, IGN, 2018.

d'Europe, si ce n'est en zone méditerranéenne, atteignent désormais des sommets. Notons que le bois de pin a dégringolé dans la liste des espèces les plus prisées, pour figurer tout en bas : une raison de plus pour en finir avec sa plantation massive.

LE SAPIN BLANC – le conifère qui se prend pour un feuillu

«Oh, un sapin!» entend-on souvent lors d'une balade en forêt. Mais est-ce bien un vrai sapin, ou un pin, ou un autre résineux? Pour en avoir le cœur net, premier indice : si vous pouvez ramasser des fruits tombés au pied de l'arbre, il ne s'agit pas d'un sapin. En effet, les siens se désagrègent directement sur l'arbre. Un sol dépourvu de cônes et autres pommes (de pin) fournit donc une précieuse indication.

Deuxième indice : des aiguilles alignées bien à plat sur chaque branche, avec deux petites bandes blanches visibles au-dessous (d'où le nom de «sapin blanc»). Les aiguilles de sapin ne piquent pas ; elles sont plus sombres que celles du pin, qui sont légèrement teintées de jaune. Si l'écorce, aussi rugueuse que celle du pin, est d'une couleur gris argenté, le compte est bon : c'est sans doute un vrai sapin.

Les sapins sont des feuillus qui se cachent parmi les résineux. Ils apparaissent spontanément dans les anciennes forêts de hêtres, mais en petit nombre seulement. Leurs racines sont profondes, et leurs aiguilles bien tendres sont un vrai délice pour les petits animaux. S'il ne portait pas d'aiguilles, donc, le sapin serait donc à ranger dans la catégorie des feuillus. Dans le nord de l'Allemagne, il ne se montre pas (pas encore?) naturellement : il est parmi les dernières essences à faire son retour vers le nord, depuis la fin de l'ère glaciaire. À quoi cela tient-il? Peut-être à la façon dont s'y prennent les oiseaux qui font voyager ses semences.

Le cassenoix moucheté (*Nucifraga caryocatactes*), un cousin du geai des chênes (*Garrulus glandarius*), enterre scrupuleusement les graines de sapin pour ses provisions d'hiver, parfois des kilomètres plus au nord que l'arbre-mère, et le surplus peut donner naissance à de jeunes sapins. En effet, contrairement à ses parents de la forêt, le cassenoix moucheté, spécialiste du sapin, cherche pour ses dépôts des lieux bien au sec, afin d'éviter que ses stocks ne pourrissent. Sage précaution. Le revers de la médaille, c'est que, même au printemps, les graines non consommées ne recevront pas assez d'eau pour devenir de nouveaux sapins. Ce qui nuit non seulement à la population des sapins, mais aussi à celle des cassenoix.

Ajoutons à cela que les jeunes pousses des sapins blancs font les délices des chevreuils, biches et cerfs : dans les zones où sévit la surpopulation de grands herbivores, le sapin est totalement éradiqué.

LE HÊTRE ROUGE – l'arbre-mère de nos forêts

Ce titre ronflant, ce n'est pas moi qui l'ai inventé : non, voici déjà plusieurs générations que les forestiers l'utilisent. Pourquoi tant d'honneur pour un seul arbre ? Sans doute pour rendre hommage à ses étonnantes propriétés. Les vieux arbres offrent leur ombre à leurs rejetons, qui dans la pénombre des sous-bois ne peuvent pousser que d'un mètre par siècle. Cette lenteur est indispensable à un arbre pour devenir très, très vieux, sans épuiser précocement ses forces. Pour éviter que leurs petits ne périssent faute de lumière, les parents les alimentent régulièrement en éléments nutritifs, notamment en sucres, via le réseau commun de leurs racines. Une fois parvenus à l'âge adulte, les hêtres se montrent tout aussi prévenants avec leurs semblables. Ils aident les plus faibles d'entre eux par le même apport réconfortant, pour se voir à leur tour soutenus en cas de maladie. Il

Bois d'épicéas et de bouleaux, Haute-Savoie, France.
L'épicéa est aujourd'hui l'une des essences les plus répandues en Europe.
Résistant au froid, poussant droit, il est facile à écouler commercialement
– bien que sa plantation à basse altitude soit souvent une aberration écologique.

**Pin sylvestre, parc national
des Cairngorms, Écosse.**
Magnifique et vénérable, avec
son écorce épaisse creusée de rides,
ses longues aiguilles groupées par deux
et ses fruits délicats en forme de cônes,
le pin souffre lui aussi de sa plantation massive.

en résulte une communauté robuste, bien plus forte et résistante ensemble que ne le serait un hêtre isolé. Ce qui n'empêche pas les vieilles hêtraies de courir un grand danger. Jadis, le hêtre était l'arbre allemand par excellence : près de 80 % du territoire était couvert d'imposantes et vénérables hêtraies*. Celles-ci ont été abattues, transformées en champs et en pâturages dont une partie, par la suite, a été replantée d'arbres. Hélas, on a bien souvent utilisé pour cela des mélèzes, pins et autres résineux, si bien que le retour de l'écosystème le plus typique de nos contrées n'est pas pour demain. Moins d'un millième de nos forêts primaires ont subsisté à ce traitement, et la plupart, hélas, restent encore sans protection.

LE CHÊNE ou l'éternel second

Rien ne va plus pour le chêne allemand**, lit-on dans les journaux. Dans beaucoup de forêts, on s'inquiète de le voir perdre ses feuilles ; en milieu urbain, on incrimine les chenilles processionnaires du chêne, dont les poils irritants compromettent les joies du plein air. Dans les forêts, le chêne a tendance à reculer face au bouleau, si bien que, même sans intervention humaine, il disparaît en bien des endroits. Et pourtant, le chêne symbolise encore et toujours la robustesse et l'endurance. Tout cela ne serait donc qu'un mythe ? Pas tout à fait. Jadis, le chêne était bien plus important qu'il ne l'est aujourd'hui dans la vie des hommes. De son bois si résistant, on tirait non seulement des charpentes, mais aussi des bateaux de guerre. À l'automne, les

---

* Surtout présents dans le nord et l'est de la France ainsi que dans le Massif central, les hêtres représentent environ 11 % des arbres du pays. Source : *Le Mémento. Inventaire forestier*, IGN, 2018.
** En France, le chêne (toutes espèces confondues) est encore l'arbre le plus fréquent en forêt. Source : *Le Mémento. Inventaire forestier*, IGN, 2018.

glands finissaient d'engraisser le cochon avant qu'on ne le tue. On appréciait les années «de bonne glandée», plus favorables au paysan.

Et maintenant? À l'état naturel, les chênes, à l'exception des essences méditerranéennes comme le chêne vert, ne forment pas de forêts : ils se mêlent aux autres espèces. Pour des humains en quête de profit, cela ne suffit pas : on plante donc les chênes en grandes rangées tracées au cordeau. Ce qui occasionne les mêmes problèmes que toutes les autres plantations. Des papillons spécialisés dans cette espèce peuvent défolier des forêts entières, à commencer par la processionnaire du chêne tant redoutée, qui s'en donne à cœur joie entre les allées. Pour se développer, il lui faut des houppiers bien ensoleillés, ce qui se trouve plus aisément dans une plantation qu'en plein cœur de la forêt. Soumises à des coupes ininterrompues, les chênaies exploitées offrent de nombreux espaces vides qui laissent entrer la lumière du soleil, ce qui facilite grandement la vie du petit prédateur.

LE BOULEAU – plus vache qu'il n'y paraît

Écorce blanche, traînées noires : aucun risque de s'y méprendre, c'est un bouleau (*Betula*)! Pour être tout à fait exact, précisons que, dans vos balades en forêt, vous pouvez tomber sur deux variétés de bouleau : d'une part le bouleau blanc, ou bouleau verruqueux (*Betula pendula*), d'autre part le bouleau pubescent (*Betula pubescens*). Le second étant très rare, il nous arrive bien plus souvent de rencontrer son frère le bouleau blanc, qu'on appelle aussi bouleau pleureur. Son port est élancé, ses branches fines, et comme son nom latin l'indique, les plus basses pendent vers le sol. Ce qui nous a conduits, nous autres humains, à associer cet arbre au deuil, par analogie avec une attitude corporelle évoquant l'affliction. Comme celle du saule pleureur, qui en fait peut-être un peu trop. Mais gardons-nous de

139

sous-estimer un arbre aussi énergique que le bouleau pleureur. En effet, ses branches font aussi office de fouets, si bien qu'il vaudrait mieux l'appeler «bouleau fouetteur». Au moindre souffle de vent, ses rameaux claquent sans pitié autour de lui, et au cœur de la forêt, ses plus proches voisins en font les frais.

Dans notre jardin, il y a un grand sapin douglas, un résineux venu d'Amérique du Nord planté par mon prédécesseur. Contrairement à ce que son nom laisse entendre, le «douglas» n'est pas un sapin, mais une espèce de pin. Avec ses trente mètres de haut, il déploie un vaste houppier couvert d'aiguilles tendres d'un vert bleuté. Tout près de lui s'élève un bouleau pleureur, âgé d'environ quatre-vingts ans et bientôt en bout de course. Les bouleaux sont des arbres à croissance rapide : après un démarrage en trombe, ils s'épuisent précocement. Dès l'âge de trente ans, ils commencent à marquer le pas et sont bien souvent rattrapés par d'autres espèces à croissance plus lente. Or, pour un arbre, il est toujours dangereux de se retrouver à l'ombre d'un autre. Rester dans l'ombre, c'est faire moins de photosynthèse, et donc se condamner à un jeûne prolongé qui ne peut conduire qu'à la mort.

Sans surprise, le douglas de notre maison forestière a donc doublé son voisin le bouleau, ce qui ne lui a pas plu outre mesure. Au repos, les branches fines du bouleau retombent paisiblement vers le sol, mais dès que le vent souffle, l'arbre révèle sa vraie nature.

Inlassablement, ses longues branches viennent frapper celles du douglas. Faut-il vraiment y voir une attaque délibérée ? N'est-ce pas un peu exagéré ? Pour répondre à cette question, il faut regarder de plus près l'écorce des branches de bouleau. C'est une sorte de liège rugueux, hérissé de petites verrues. Comme l'innocente goutte d'eau qui finit par user la roche la plus dure, les fouets du bouleau qui s'abattent sans cesse sur les branches du douglas les abîment sérieusement, comme du papier de verre, en leur arrachant leurs aiguilles. Au fil des années, les dégâts causés par le bouleau sont de plus en plus visibles sur l'arbre voisin, qui lui laisse davantage de place. C'est David qui finit par l'emporter sur Goliath – au moins pour quelques décennies. Car le bouleau, lui, finira par abandonner la partie et mourir de vieillesse, tandis que le conifère poursuivra dignement sa très longue vie.

LE MÉLÈZE – un arbre sans avenir

Encore de mauvaises nouvelles? Les mélèzes vont-ils bientôt disparaître? Certes, nous n'en sommes pas encore là. Mais nous en prenons le chemin. Le mélèze de nos contrées (*Larix decidua*) est aussi rare à l'état naturel que l'épicéa; comme lui, en dehors du Grand Nord ou des régions de haute montagne, il ne pousse que tout près de la limite des arbres. Les mélèzes sont des arbres singuliers. Alors que les autres résineux restent verts toute l'année, le mélèze, l'automne venu, se colore de jaune tout comme les feuillus qui l'entourent, avant de se dégarnir complètement. Ce qui inquiète les profanes lors de leurs promenades en forêt: un arbre mort! À mon grand regret, j'ignore pour quelle raison le mélèze est le seul à procéder ainsi, mais le fait est que cela facilite son identification.

Sur les bancs de l'école forestière, déjà, les professeurs nous le répétaient: «le mélèze, c'est le chêne des montagnes». De fait, ce majestueux conifère apprécie plus que tout le climat alpin. Mais comme d'autres résineux, il a été transplanté sans ménagements en plaine, pour des raisons de rentabilité. Et comme le mélèze d'Europe ne se montrait pas assez productif, l'industrie forestière a importé du Japon une nouvelle variété (*Larix kaempferi*). Celle-ci impressionne par sa croissance ultra-rapide: mais manque de chance, les croisements sauvages sont légion, si bien que l'espèce locale devient de plus en plus rare et menace de disparaître complètement, supplantée par des hybrides à plus ou moins long terme. Comment identifier le mélèze ? Notons que les arbres les plus familiers nous semblent souvent difficiles à reconnaître, car justement, ils ne nous sautent pas aux yeux. Le mélèze d'Europe a des branches tirant sur le jaune, des cônes aux écailles refermées sur elles-mêmes, alors que l'espèce d'importation a des pousses rougeâtres et des cônes aux écailles tournées vers l'extérieur : vues d'en haut, celles-ci évoquent les pétales d'une rose. Les hybrides gagnent du terrain, et dans un futur assez proche, toutes les espèces seront certainement confondues. Un semblable destin menace hélas les pommiers et les poiriers sauvages, dont le patrimoine génétique est peu à peu délayé par les variétés cultivées – puisque les abeilles visitent sans distinction tous les arbres fruitiers, favorisant ainsi les croisements. Les scientifiques débattent même pour savoir s'il existe encore aujourd'hui des variétés pures de pommiers et de poiriers sauvages.

LE FRÊNE – une victime de la mondialisation

Pour nos ancêtres, le frêne (*Fraxinus excelsior*) était un arbre de la plus haute importance. Dans la mythologie nordique, l'arbre-monde, nommé Yggdrasil, abritait sous sa vaste couronne le ciel tout entier.

L'espèce est facile à identifier, avec ses bourgeons noirs et massifs, et ses feuilles composées qui s'étirent jusqu'à quarante centimètres de long. Des feuilles aussi caractéristiques ne peuvent être confondues qu'avec celles du sorbier des oiseleurs, dont les bourgeons sont très différents, et les proportions générales bien plus réduites.

Les temps sont durs pour le frêne, principalement à cause d'un champignon microscopique, *Chalara fraxinea*, responsable de la chalarose du frêne. Le parasite s'attaque aux branches de l'arbre et les fait dépérir ; l'écorce prend une teinte beige ou grise, et le frêne devient incapable de produire suffisamment de nutriments par le biais de la photosynthèse. Peu à peu, au fil des années, l'arbre meurt. Mutation d'une espèce locale ou importation d'une espèce exotique ? Les scientifiques en débattent. Mais l'hypothèse d'un champignon asiatique est sérieuse : plus spécifiquement, il s'agirait d'une espèce japonaise arrivée jusqu'à nous dans des containers de marchandises. Quoi qu'il en soit, la maladie se répand à l'heure actuelle jusqu'aux moindres recoins du continent européen, en emportant jusqu'à 90 % des individus. Le frêne a pourtant quelque espoir de survie : il semblerait que les rares arbres restés sains soient génétiquement résistants au champignon. Si ces arbres se reproduisent suffisamment, estiment les chercheurs, on a bon espoir de voir renaître des frênaies.

Le frêne n'est naturellement pas le seul arbre à souffrir de la mondialisation ; l'orme (*Ulmus*) a subi le même destin avant lui, avec une issue bien plus dramatique. Au début du XXe siècle, un champignon particulièrement agressif est arrivé d'Asie dans des caisses de marchandises importées. Bien malgré eux, les scolytes, de petits coléoptères traversant l'écorce des ormes, ont transporté le champignon et transmis d'un arbre à l'autre une maladie fongique, la graphiose. Le réseau du champignon entrave la circulation de la sève à l'intérieur de l'arbre, qui finit par mourir de soif.

Depuis l'Europe, la maladie s'est transportée en Amérique, d'où une variante encore plus nocive est ensuite revenue chez nous. Résultat : les ormes sont devenus une vraie rareté et ne poussent plus qu'à l'état isolé, dans des lieux reculés où les coléoptères porteurs de champignons toxiques ne les ont pas encore repérés.

Et, mauvaise nouvelle, contrairement à ce qui se dessine pour les frênes, les chances de survie de l'espèce sont aujourd'hui proches de zéro.

Bouleau pubescent couvert de givre, Jura, France.
Plus rare que le bouleau blanc, le bouleau pubescent s'en distingue par une taille plus modérée, une préférence pour les sols humides et la teinte plus terne de son écorce.

Mer de nuages et forêt de mélèzes, Lombardie, Italie.
« Le mélèze, c'est le chêne des montagnes », m'apprenait-on
à l'école forestière. De fait : ce résineux, qui a la particularité de se couvrir
de jaune à l'automne avant de se dégarnir complètement, aime les climats alpins.

Aimons-nous vraiment nos forêts ?

Imaginez-vous le scénario suivant : lors d'une randonnée, vous marchez depuis plusieurs heures à l'ombre des forêts et voilà que votre estomac se met à crier famine. Soudain s'ouvre devant vous une petite clairière couverte d'herbe verte. N'est-ce pas l'endroit rêvé pour votre pause pique-nique ? Ce qui fait tout l'attrait de cet endroit, c'est précisément qu'on n'y voit *aucun* arbre. Est-ce à dire qu'au fond, nous n'aimons pas la forêt, mais juste les arbres, de préférence isolés et majestueux ? La question peut paraître bizarre, mais elle est décisive quant au rapport que nous entretenons avec la nature. Si l'on en croit l'histoire de leur évolution, les humains viennent de la steppe. Le climat pour lequel nous sommes le mieux équipés est à la fois chaud et sec. La station debout nous permet de n'exposer aux rayons du soleil qu'une petite surface de notre personne, et grâce à nos glandes sudoripares, notre corps dépourvu de poils se rafraîchit très efficacement. Profitant de ces atouts, nos ancêtres ont pu courir après leurs proies jusqu'à ce que celles-ci succombent à l'hyperthermie. Pour réussir un tel exercice, il vaut mieux jouir d'une vue très fine, qui permet de repérer les proies de loin. Dans ces conditions, l'ouïe et l'odorat passent au second plan.

En forêt, les qualités précédentes perdent de leur utilité. Là où le soleil éclaire à peine, il vaut mieux savoir lutter contre le froid que contre la chaleur. Ce pourquoi les animaux des bois sont bien mieux adaptés que nous à ces lieux. Si la vue n'est pas décisive, une bonne ouïe et un bon odorat, en revanche, sont salvateurs. À quoi bon avoir un œil de lynx si, à quelques mètres à peine, des troncs d'arbres arrêtent partout le regard ? Le meilleur moyen de repérer les ennemis à temps est de sentir leur odeur ou de les entendre froisser les branchages à des centaines de mètres de distance. Et comme les grands groupes ont tôt fait de se perdre en forêt, les hôtes des sous-bois sont typiquement des solitaires.

Face aux grandes forêts, nos ancêtres étaient confrontés à des écosystèmes finalement peu adaptés à leur espèce. On le sait, ils avaient recours à des peaux de bêtes et au feu pour lutter contre le froid ; pour se dégager l'horizon, ils s'empressaient de défricher autour d'eux. Par nature, donc, les humains n'aiment pas vivre au cœur des forêts, et à la vue des paysages où nous vivons, un constat s'impose : nous avons réussi à reconstituer autour de nous une steppe parfaitement à notre goût. Le blé ou l'orge (et aujourd'hui le maïs) ne sont rien d'autre que des graminées, même si elles sont devenues particulièrement productives. Ajoutons-y des pâturages pour les bovins (animaux des steppes), quelques bosquets d'arbres ici et là : c'est ainsi qu'était une bonne partie de l'Europe il y a encore deux cents ans. Depuis, un important reboisement a eu lieu, mais principalement pour pallier le manque de bois. Quant aux forêts sombres et profondes, elles sont durablement associées dans notre esprit à des histoires effrayantes.

Mais tout ceci a changé, n'est-ce pas ? Souvenons-nous de la clairière décrite au début de ce chapitre, dans laquelle tout le monde ou presque se sent bien. C'est aussi pour cela que l'administration forestière ménage des trouées au sein des grandes parcelles forestières.

En général, on veille à dégager la vue pour mettre en valeur les plus beaux panoramas. Il suffit d'ajouter un banc, et voilà un agréable lieu de halte. Succès garanti auprès des promeneurs !

On dirait que nos vieux instincts se montrent plus actifs que nous ne le voudrions dans notre époque si rationnelle. Notre amour de la forêt tient peut-être à un autre aspect : c'est, dans notre environnement, le dernier écosystème en partie préservé.

Voici un moment que nous cheminons ensemble parmi les arbres, et nous n'avons toujours pas posé la question décisive : qu'est-ce qu'une forêt ? Les autorités ont une réponse toute prête et sans ambiguïté : il suffit de consulter les textes de loi qui y sont consacrés. Pour l'Allemagne, l'article 2 de la Loi forestière fédérale est particulièrement inclusif : même les lieux de stockage du bois, les chemins, les petites prairies et les coupes rases sont comptés dans la surface forestière, du moment qu'ils sont entourés de groupes d'arbres suffisamment fournis. Le constat est vite fait : juridiquement parlant, la forêt est d'abord un concept économique. Sinon, quelle idée d'y inclure des terrains assez vastes ne comportant absolument aucun arbre ? Vu sous l'angle de l'exploitation, au contraire, il paraît logique de comptabiliser aussi les coupes à blanc et les zones dévastées par la tempête, celles où plus un seul pin n'est resté debout. La loi prescrit cependant que ces zones doivent être à nouveau exploitées dans un délai de cinq ans. Ne pourrait-on pas trouver un autre dénominateur commun, en appelant « forêt » toute zone suffisamment étendue où sont rassemblés des arbres ? Cela aurait le mérite de la simplicité.

Mais nos juxtapositions d'arbres méritent-elles vraiment le nom de forêts ? Ce sont sans doute les visiteurs étrangers qui en parlent le mieux. En effet, notre regard manque d'objectivité. Fions-nous par exemple au jugement du Dr Ali Ost Montazeri, responsable des forêts en Iran. Lors d'une visite en Allemagne, en 2009, il est aussi passé par mon district. Comme nous parlions de la forêt, il a eu cette remarque sans appel : « La forêt ? Quelle forêt ? » Pour lui, ce qu'il avait eu sous les yeux pendant son voyage en Allemagne n'était rien d'autre qu'un paysage de plantation. Et que dire des impressions d'un habitant du Gabon rentrant d'un voyage en Europe ? Lors d'un séjour en Afrique, ma mère, toujours très sociable, a entamé la conversation avec ce Gabonais qui, très vite, lui a fait part de sa déception : il avait cherché partout la fameuse Forêt-Noire, mais il avait eu beau arpenter les collines, impossible de la trouver : il n'avait vu que de grandes plantations de résineux. Il avait dû rentrer chez lui sans avoir atteint son but.

« Mais attendez ! » pourrait-on objecter, la forêt allemande n'est-elle pas un haut lieu du développement durable, un écosystème remarquablement conservé, un modèle que le monde entier nous envie et que nous exportons grâce à l'envoi d'experts à l'étranger ? Tel est en tout cas le discours que diffusent les pouvoirs publics. Mais qu'est-ce que le développement durable ? Il y a trois cents ans, lorsque le concept de gestion durable de la forêt est né, il s'agissait d'abord de ne pas couper plus de bois que l'on n'en faisait croître. Ce qui à l'époque n'avait rien d'évident, au contraire. Les forêts étaient alors soumises à un pillage illimité, aussi bien pour le bois d'œuvre que pour le charbon de bois. Le charbon servait à fondre les métaux et à alimenter l'industrie naissante. Un peu partout dans la forêt s'élevaient des monticules fumants autour desquels habitaient les charbonniers, ces êtres marginaux et un peu sauvages. Ils formaient des couches successives de troncs abattus et débités en menus morceaux, qu'ils recouvraient ensuite de terre et de mottes d'herbe. Une fois allumée, la meule fumait des jours entiers, jusqu'à ce que tout le bois soit changé en charbon noir. Bien plus facile à transporter jusqu'aux forges, il leur fournissait l'indispensable énergie. Ironie de l'histoire,

Plantation de pins à l'aube, Mazurie, Pologne.
Plantation ou forêt ? Certains signes ne trompent pas :
dans la nature, jamais les arbres ne s'avisent de pousser
en rangées bien droites. Les alignements au cordeau
sont toujours l'œuvre de forestiers consciencieux.

le reboisement de nos forêts, qui se sont fortement reconstituées au cours des deux siècles derniers, est largement dû au charbon… mais au charbon fossile ! Avec la découverte et l'exploitation intensive de filons de houille, le charbon de bois, qui demande tant de travail, a perdu de son attrait, et les forêts ont pu reprendre du terrain.

Revenons à la gestion durable : en 1713, le Saxon Hans Carl von Carlowitz, administrateur des Mines, emploie pour la première fois le terme de durabilité dans son ouvrage *Sylvicultura œconomica*, pour insister sur le fait que la ressource utilisée par l'industrie ne devrait jamais dépasser la quantité de bois en cours de croissance. Il ne s'agissait pas encore d'écologie, mais seulement de la bonne gestion d'une ressource qui devait rester constamment disponible, à l'image de ce que fait le paysan, qui récolte d'année en année à peu près la même quantité de maïs.

Mais au vu des enjeux actuels, la durabilité a dû être redéfinie ; la conférence des Nations unies sur l'environnement et le développement (plus connue sous le nom de « Sommet de la Terre ») qui s'est tenue en 1992 à Rio de Janeiro s'y est employée. Depuis, on ne considère plus seulement la quantité, mais aussi la qualité et la fonctionnalité des écosystèmes, qui doivent être transmis aussi intacts que possible aux générations futures. Est-il possible de réussir ? Pas si sûr. Dans les pays germanophones, la sylviculture est encore largement régie par le principe cher au sieur von Carlowitz. Quelles en sont les conséquences ? Grâce au droit de libre passage dont bénéficient les citoyens, il est aisé d'en juger.

Plantation ou forêt (en partie) naturelle ? Vous pouvez facilement repérer certains signes qui ne trompent pas. Tout d'abord, le plus évident : les rangées. Dans la nature, jamais les arbres ne s'aviseront de pousser en ligne droite : les alignements au cordeau sont toujours l'œuvre de forestiers consciencieux, équipés des outils adéquats. Bien que cela n'ait en fait aucune importance, dans les forêts allemandes (héritage prussien ?), il faut absolument que tout soit tiré à quatre épingles. C'est pourquoi, dès mes débuts, j'ai appris qu'une surface sans arbres devait d'abord être jalonnée. Les jalons sont des piquets rouge et blanc de deux mètres de haut que l'on plante sur le terrain à intervalles réguliers, en suivant une ligne droite. À partir de ces points de repère, on avance en ligne pour planter chaque jeune sujet, en formant ainsi un beau quadrillage. Comme les arbres ont tendance à rester là où on les a plantés, ces rangées sont encore visibles des décennies plus tard, quand les coupes successives ont déjà maintes fois éclairci la forêt.

Deuxième indice : les espèces. Sous nos latitudes, à moins que l'on se trouve en haute montagne près de la limite des arbres, ou encore dans certaines zones méditerranéennes, les forêts naturelles de résineux sont toujours artificielles. Nous avons déjà évoqué les causes, et les problèmes qui y sont liés. Les coléoptères sont friands de ces conifères assoiffés, exilés trop loin de leur habitat naturel, et les tempêtes les renversent comme des quilles. D'où l'apparition de grandes zones déboisées qui, après qu'on a enlevé les géants déracinés, sont typiques de l'économie de plantation. Mais il arrive parfois que l'on rase volontairement, afin de « rationaliser » la récolte sur de vastes parcelles. Y compris, hélas, dans les dernières hêtraies anciennes, peu à peu remplacées par de mornes plantations de sapins douglas venus d'Amérique du Nord.

Mais ce n'est pas parce qu'on voit des arbres à feuilles qu'on se trouve forcément en pleine nature. De même que les plantations de teck ou d'acajou ne sauraient remplacer la forêt vierge amazonienne, les hêtres ou les chênes plantés en Europe sont un bien piètre ersatz à nos forêts primaires perdues. Le tableau est déjà plus réjouissant lorsqu'on voit, sous les arbres hauts, des arbres d'âge et de hauteur variés. Ceux-ci, du moins, viennent directement des semences des arbres adultes, et même si, de temps à autre, on vient couper un vieil arbre, cette « plantation paysagée », comme on appelle ce type d'exploitation, imite très fortement la nature, à ceci près qu'on n'y trouve que très peu d'arbres de grand âge et de bois mort. Il s'agit donc d'un bon compromis, surtout quand on l'associe à des zones totalement protégées. Malheureusement, ce mélange harmonieux d'exploitation humaine et de forêt intacte ne représente même pas 5 % des forêts de mon pays, car la protection de la forêt, malgré tous les discours prometteurs, n'est toujours pas prise au sérieux.

À propos de protection de la forêt, je ne peux hélas pas vous épargner ici une digression assez terrifiante. Ce qui est terrifiant, ce n'est évidemment pas la forêt… mais ce que les humains avides de profit en font. Depuis des décennies, en effet, ils s'obstinent à pulvériser toutes sortes de poisons afin d'éliminer tel ou tel groupe d'êtres vivants. Un des points d'orgue de ce drame a été l'épandage d'un dérivé du fameux « agent orange ». Ce défoliant de triste mémoire a été employé par les Américains durant la guerre du Vietnam pour anéantir des forêts primaires susceptibles de dissimuler les combattants ennemis. On sait que ce produit a été largué par avion en Asie ; on sait moins qu'il l'a aussi été en Europe, où des hélicoptères ont été chargés de porter un coup fatal aux feuillus récemment tombés en disgrâce. À cette époque, en effet, hêtres et chênes ne valaient plus rien, ou presque : le cours du pétrole était si bas que plus personne ne s'intéressait au bois de chauffage. Le salut était dans l'épicéa, très demandé par l'industrie du BTP et bien plus résistant aux herbivores sauvages. Il fallait faire place nette pour accueillir le nouveau venu. Ce qui fut fait en liquidant impitoyablement les feuillus existants – sur plus de cinq mille kilomètres carrés dans la seule région de l'Eifel et l'Hunsrück ! Pour répandre ce produit baptisé « Tormona », on prit l'habitude de le mélanger à du carburant pour moteur diesel. Qui sait combien de résidus de ce mélange délétère traînent encore dans les sols de nos forêts ? À bien des endroits, on retrouve de vieux bidons de diesel en train de rouiller dans les sous-bois.

Tout s'est-il arrangé depuis ? Pas tout à fait. On continue à asperger à grande échelle, même si ce ne sont plus des produits dirigés contre les arbres. Les cibles des hélicoptères et des camions équipés de dispositifs de pulvérisation sont aujourd'hui les insectes qui grignotent les feuilles ou le bois. Parce que les coléoptères et autres chenilles s'attaquent en priorité aux sinistres plantations de résineux, on pulvérise les lieux d'insecticides de contact. Il existe notamment un produit appelé « Karate » (toujours ces noms révélateurs) qui reste si virulent pendant trois mois que son simple contact est mortel pour les insectes.

En règle générale, les zones récemment traitées sont signalées au public et momentanément interdites d'accès. Mais les tas de bois imprégnés d'insecticide et entreposés au bord des routes forestières sont rarement signalés comme toxiques. Quant à moi, je déconseille de se servir de ces troncs comme bancs : il vaut bien mieux choisir un vieux tronc couvert de mousse. D'autant plus que les résineux récemment coupés ont tendance à produire énormément de résine. Les taches ne partent pas à la machine et nécessitent l'emploi d'un produit détachant particulièrement puissant. Sans oublier le risque majeur des tas de bois : l'effondrement. Si l'on se souvient que chacune de ces grumes (comme on appelle les troncs ainsi stockés) pèse des centaines de kilos, on préférera rester à bonne distance.

Mais revenons aux produits toxiques. Partout où l'hélicoptère est passé, pour ma part, je m'abstiendrais de ramasser des baies ou des champignons pendant tout le reste de la saison. En dehors de ces traitements aériens, la forêt est plutôt préservée des produits phytosanitaires, si on la compare aux terres agricoles. Mais s'agit-il pour autant d'un écosystème « naturel » ? C'est le discours qui nous est vendu, puisque les méthodes allemandes de sylviculture sont censées être les meilleures ; cette combinaison d'exploitation commerciale, de protection et de loisir aurait même vocation à s'exporter à travers le monde par l'envoi de conseillers en développement forestier. À en croire les publications de l'administration forestière, tout va pour le mieux dans le meilleur des mondes. Notre forêt serait florissante, en pleine forme, synonyme de parfaite harmonie entre les besoins de l'homme et ceux de la nature.

Vraiment ? L'expérience me pousse désormais à la prudence face à ces déclarations triomphalistes. Pas seulement parce que sur le terrain, l'observation révèle souvent tout autre chose, mais aussi en raison du violent conflit d'intérêts auquel même les pouvoirs publics ont fini par être sensibles. En effet, il est fréquent que les administrations centrales des forêts, au lieu de s'en tenir à leur mission première, à savoir faire respecter la loi et superviser la forêt privée, soient aussi des acteurs majeurs du commerce du bois, devenant même le premier fournisseur et le premier employeur de la filière. Le contribuable étant mis à contribution, les prix peuvent être tirés vers le bas, si bien qu'en différents endroits, la concurrence est mise à rude épreuve. C'est un peu comme si les services du ministère des Finances étaient aussi le plus gros fournisseur de produits d'investissement financier. Comment et par qui seraient effectués les contrôles ? Un nouveau problème apparaît : pour un profane, comment distinguer information officielle et communication, autrement dit discours publicitaire ? Cette communication est omniprésente, recourt à une langue bien particulière à laquelle vous avez sans doute déjà eu affaire.

Petit dictionnaire
de l'exploitation forestière

Tous les métiers ont leur jargon spécialisé. Dans bien des cas, on pourrait s'en passer : on peut dire énormément de choses en utilisant des mots compréhensibles par tous. Et pourtant, cela fait partie des bonnes vieilles traditions dignes d'être préservées, du moins tant que les mots ne servent pas d'écran de fumée. Je me souviens encore de mon premier jour de travail dans l'administration forestière. « Va chercher le compas ! » m'a demandé mon maître de stage. Un compas ? Je n'ai pas pu réprimer un sourire en me souvenant de mes cours de géométrie au collège : ce n'était sûrement pas le même outil. « Euh… qu'est-ce que c'est ? » ai-je demandé avec l'ingénuité du néophyte. Levant les yeux au ciel, le garde forestier est allé lui-même le chercher. Du coffre de sa voiture, il a tiré une sorte de grand pied à coulisse qu'il m'a lancé sans ménagements. « Pour contrôler le diamètre des troncs qui sont là-bas, au bord du chemin ! » a-t-il grommelé.

Je n'ai rien contre les termes du métier, au contraire. Ils sont porteurs de la longue histoire de chaque profession, et pour la sylviculture, cette dimension est particulièrement pertinente : après tout, les arbres que nous récoltons aujourd'hui ont bien été plantés à notre intention par les générations précédentes.

Mais je suis moins enthousiaste quand le lexique spécialisé a d'abord pour but d'influencer l'opinion publique. Un exemple : « l'entretien de la forêt ». Que nous évoque *a priori* cette expression chère aux services forestiers ? Une opération nécessaire à la bonne santé de la forêt. Grâce aux bons soins que les forestiers lui apportent, nous dit-on, la forêt serait en pleine forme, capable de se défendre contre les attaques des nuisibles et de résister aux aléas du changement climatique. Mais que diriez-vous si un boucher qualifiait son activité d'entretien du bétail ? Bizarre, non ? Et pourtant, ce serait le même type de communication que celui auquel recourent les forestiers. En effet, en quoi consiste précisément cet « entretien » ? En pratique, à couper des arbres. Cela commence dès leur plus jeune âge : dans cette logique, on appelle « entretien » le processus consistant à éclaircir les plantations à la tronçonneuse. L'idée est de dégager de la place pour les individus restants, afin d'accélérer leur croissance. Le même principe vaut ensuite durant toute l'exploitation : on fait de la place aux plus beaux troncs en abattant leurs voisins.

Un terme toujours en usage concernant la gestion des jeunes plants est celui de « nettoiement ». Là encore, les ouvriers sylviculteurs veillent à faire de la place aux plus beaux sujets en éliminant les autres, tout en favorisant les espèces à forte valeur économique. La question qu'il faut se poser est la suivante : ce traitement fait-il vraiment du bien à la forêt ? Certainement pas, et il est facile de s'en rendre compte. Qui voudrait voir la forêt amazonienne ainsi traitée ? Serait-elle vraiment en meilleure santé si on allait y abattre certains arbres juste pour en favoriser d'autres ? Non, bien sûr, et il en va de même chez nous. Couper des arbres un peu partout affaiblit toujours, sans exception, les arbres restants.

Il suffit d'observer les dégâts causés par une tempête : là où le vent a fait tomber un arbre, une lacune apparaît. Avant que le tronc, le houppier et les racines aient eu le temps de se réadapter, il se passe au moins trois ans. De plus, les arbres voient aussi leur réseau social endommagé. Cet effet est particulièrement manifeste dans les vieilles forêts de feuillus : les arbres isolés par une coupe sont visiblement malades. Les plus hautes branches meurent, si bien que les hêtres et les chênes semblent tout déplumés. On ne peut donc pas dire que les coupes améliorent l'état de la forêt, et il est faux de parler de « soins » ou d'« entretien ».

En reprenant les termes de la production animale, pourquoi ne pas parler d'abattage ? Sans doute parce que le terme semble trop brutal. Cependant, il est à mes yeux le plus approprié, car il dit clairement les choses : il s'agit de faire passer un être vivant de vie à trépas. Ce qui en soi n'a rien de condamnable, mais qui pousse à y réfléchir à deux fois. J'ai le sentiment que bien des forestiers ne se sentent pas totalement en accord avec ce qui se pratique couramment dans la sylviculture classique. Mais si on enrobe ces pratiques dans le vocabulaire du soin, pour se donner bonne conscience tout en évitant les critiques venues de l'extérieur, rien ne changera jamais.

L'évocation des houppiers déplumés des forêts maltraitées me conduit à un quatrième terme : le « dépérissement forestier ». Au début des années 1980, la mort des forêts d'Europe faisait les gros titres des journaux. Les causes alors invoquées n'avaient rien de mystérieux : les pluies acides venues de nos pots d'échappement, de nos industries et de nos maisons intoxiquaient des forêts entières, laissant un paysage effrayant de longues chaînes de montagnes hérissées d'arbres morts.

Conséquence de cette couverture médiatique : une politique environnementale véritablement efficace. Filtration renforcée des fumées d'usine et généralisation des pots catalytiques ont permis un recul spectaculaire de la pollution atmosphérique, si bien que le dépérissement massif des forêts semble être aujourd'hui de l'histoire ancienne. Si les pots d'échappement posent toujours problème, l'attention est désormais focalisée davantage sur les oxydes d'azote issus de l'agriculture et des transports. Les déchets azotés ont un effet «engrais» sur les arbres, dont la croissance a été accélérée d'un tiers par rapport aux anciennes données disponibles. Les tableaux de référence qu'utilisent traditionnellement les forestiers pour anticiper le rendement de leurs arbres sont désormais obsolètes, et doivent sans cesse être corrigés à la hausse. Faut-il y voir une bonne nouvelle ? Davantage de bois, c'est aussi davantage d'argent dans le tiroir-caisse : à court terme, l'exploitant forestier en sort gagnant. Mais cette croissance rapide laisse les arbres à bout de souffle : épuisés, ils sont particulièrement vulnérables aux maladies et à la sécheresse. Il ne faut donc pas renoncer à lutter pour un air plus pur.

Mais revenons au terme «dépérissement». Pourquoi ne va-t-il pas de soi ? Mon sentiment est qu'il contribue à aveugler l'opinion publique sur la réalité des faits. Les scientifiques sont globalement d'accord sur le fait que la forêt se porte plutôt bien. Elle ne meurt plus à grande échelle, et en dépit de l'excès d'engrais apporté par les composés azotés, l'écosystème n'est pas en danger. Et pourtant, les comptes rendus annuels du ministère chargé des forêts restent alarmants. On y trouve un classement des arbres de toutes les espèces, en fonction de l'état de leur houppier, et le tableau est loin d'être réjouissant. Moins de la moitié est présentée comme étant saine, tandis que la majorité des arbres seraient plus ou moins fortement endommagés. D'année en année, aucune amélioration ne se dessine. Comment comprendre ce paradoxe : l'écosystème forestier serait sain, alors que la plupart des arbres sont malades ? N'est-ce pas contradictoire ? C'est l'exploitation forestière elle-même qui menace, année après année, la bonne santé des arbres. La perte des structures sociales si importantes pour la vie des arbres n'est qu'un élément parmi d'autres ; il faut y ajouter la modification du climat interne à la forêt, qui devient plus chaud et plus sec en raison de l'entrée des rayons du soleil. Mais le problème le plus préoccupant est celui des dégâts provoqués par la mécanisation de la récolte. La densification des sols, l'écrasement des racines et les attaques de champignons qui en résultent rendent la vie dure aux arbres. Or, tout cela se répercute sur l'état de leur houppier, décrit chaque année, à juste titre, comme dégradé. Mais les services chargés du contrôle relèvent de l'institution même qui gère la majeure partie de l'exploitation forestière : rien d'étonnant à ce qu'on préfère chercher les coupables à l'extérieur !

Du côté des bûcherons

Avant, la vie était dure, c'est vrai, mais elle était aussi plus simple. Le garde régnait en maître sur sa maison forestière, et chaque dimanche, toute la troupe des bûcherons et autres ouvriers venait toucher sa maigre paye. À la saison froide, on abattait épicéas, pins et hêtres, entièrement à la main. Les seuls outils étaient les haches et les scies que deux bûcherons actionnaient à grand-peine pour venir à bout des troncs à moitié gelés. On sortait ensuite l'écorçoir, ou fer à écorcer, et à force de poussées éreintantes, on mettait à nu le bois, que les chevaux pouvaient alors tracter jusqu'au chemin forestier le plus proche. Et comme tout cela prenait beaucoup de temps, une bonne partie de la population masculine des environs était de la partie. Il s'agissait souvent de petits agriculteurs du voisinage qui trouvaient dans ces travaux de force un utile complément de revenus quand les champs étaient au repos.

Et puis, dans les années 1950, la tronçonneuse est arrivée. Un spectacle si extraordinaire que le vieil instituteur de mon village natal de Rhénanie emmenait toute la classe dans les bois pour admirer ce miracle des temps modernes. Certes, les premiers modèles ne pouvaient être manœuvrés que par deux hommes à la fois, mais le travail s'en trouvait déjà grandement facilité.

L'autre grande rupture est intervenue avec la tempête de l'hiver 1990. Les arbres ont été renversés en si grand nombre que les dégager apparaissait comme une mission impossible. Mais dès les années 1980, dans les pays scandinaves, les gros engins de récolte (*harvester*) avaient fait une première percée. Ces mastodontes sont capables de saisir un arbre, de le trancher à la base, de le débiter à la longueur voulue et de le ranger en jolies piles bien nettes. Un seul de ces engins remplace donc une bonne douzaine de bûcherons (même équipés des tronçonneuses les plus modernes).

À la suite des catastrophes de 1990, donc, plusieurs de ces machines ont été achetées par les autorités allemandes pour venir à bout de ce travail de titan. Une fois la situation normalisée, les engins restaient là à ne rien faire, et comme il coûtait moins cher de les faire fonctionner que d'employer de la main-d'œuvre qualifiée, c'est la main-d'œuvre que l'on a congédiée. Depuis, la mécanisation du travail en forêt n'a fait que s'accroître, tandis que le nombre des ouvriers forestiers diminue d'année en année. Et avec eux, c'est le métier du bûcheron qui meurt, avec toute sa mythologie. Certes, il est fascinant de voir un *harvester* raser en un rien de temps des parcelles entières, soulever comme une plume des troncs de plusieurs tonnes dans ses énormes pinces. Mais où est la fumée du feu de camp, où est le grand cri «Aaaattention!» quand un arbre tombe? Désormais, le grondement monotone des moteurs n'est interrompu que par le hurlement des scies intégrées. Après le passage des machines, c'est un spectacle de désolation. Mais il n'y a pas que la nuisance esthétique. En effet, le poids des énormes machines compacte le sol fragile des chemins forestiers sur au moins deux mètres de profondeur. Les pores de la terre sont écrasés, les petits canaux d'aération se referment, étouffant les minuscules habitants du sol. De plus, la terre ainsi traitée n'absorbe presque plus d'eau, ce qui a des conséquences fatales pour les arbres quand arrive l'été brûlant. Seuls survivent les parasites de faiblesse, comme les redoutables scolytes et bostryches qui partent à l'assaut d'épicéas et de pins désormais incapables de mettre en place leurs mécanismes de défense à base de production de résine. En temps normal, dès qu'un insecte fait son trou dans l'écorce, il est noyé par une goutte de résine collante. Mais la sécheresse des sols assoiffe l'arbre, qui se retrouve comme à court de salive. Le coléoptère poursuit son œuvre sans être inquiété, et appelle aussitôt le reste de la troupe en émettant un signal olfactif. En quelques jours, leurs efforts conjugués ont scellé le destin de l'arbre. Hélas, on prête encore bien trop peu d'attention à ces conséquences à long terme de l'utilisation des machines. Quand les sols malmenés pourront-ils se régénérer ? D'après les géologues, peut-être seulement à la prochaine ère glaciaire, quand le gel en profondeur et l'avancée des glaciers bouleverseront toute leur structure.

Loin des paysages de plantation industrielle, le travail des bûcherons n'a pourtant pas perdu tout son charme, puisqu'il se développe dans la sphère privée. N'oublions pas qu'en Allemagne, près de la moitié de la forêt est encore entre les mains de propriétaires particuliers*. Il s'agit de parcelles reçues en héritage ou achetées pour en tirer du bois à brûler. Et comme, pour chauffer une maison familiale moderne, il suffit d'un demi-hectare (5 000 m²), on ne s'étonnera pas de compter dans le pays près de deux millions de joyeux bûcherons du dimanche. Le week-end venu, toute la famille

---

* En France, ce sont les trois quarts des surfaces boisées qui relèvent de la propriété privée, avec de grandes disparités selon les régions (25 % à 50 % seulement dans la région Grand-Est, mais plus de 90 % dans toute la partie ouest du pays). La forêt domaniale, appartenant à l'État, représente 9 % du total, tandis que 16 % sont détenus par d'autres collectivités publiques.

va trimer dans les bois, avec une bonne pause pique-nique à midi. Cette vogue de la récolte de bois familiale n'a que quelques années, mais elle se traduit déjà à la télévision. À ma grande surprise, j'ai vu apparaître sur mon petit écran des spots publicitaires pour des tronçonneuses qui jusque-là n'intéressaient qu'un public très limité de professionnels du secteur. Des centaines de milliers de bûcherons amateurs contactent les services forestiers pour se former à l'usage du matériel et obtenir un «permis de tronçonneuse». Ce document attestant d'une formation spécifique, standardisée à l'échelle européenne, n'est évidemment pas obligatoire pour un usage non professionnel, mais il s'agit d'une utile précaution. Les particuliers qui ne possèdent pas de forêt peuvent souvent obtenir, dans les forêts publiques, un droit d'affouage, c'est-à-dire l'autorisation d'aller couper et emporter eux-mêmes leur bois de chauffage, moyennant finances. Il s'agit de parcelles récemment marquées pour l'éclaircissement, où le preneur abat lui-même les arbres marqués, ou au moins, quand l'abattage a déjà été fait, effectue l'ébranchage, l'enlèvement et le conditionnement, en apportant son propre matériel de coupe et de transport. C'est bien connu, le bois réchauffe deux fois : une première fois quand on le coupe, puis à nouveau quand on le brûle dans sa cheminée. Économiquement, ce système est-il rentable ? Pas si sûr, notamment parce que, dans leur enthousiasme, ces messieurs (la part des femmes étant encore extrêmement réduite) ont tendance à s'offrir un équipement totalement surdimensionné. À commencer par la tronçonneuse, en règle générale trop puissante et trop lourde.

Au lieu de choisir un petit modèle loisir, léger et parfaitement adapté au bois de diamètre limité, on investit dans une lourde machine de professionnel. Après toute une journée à manier un tel engin, courbatures garanties de la tête aux pieds ! Mais ce n'est pas

Coupe à blanc.
La généralisation des engins forestiers a métamorphosé le métier de bûcheron. Après le passage des machines, c'est un spectacle de désolation. Sans compter que le poids des machines compacte le sol fragile des chemins forestiers, qui absorberont moins bien l'eau.

encore assez. Aller dans les bois avec sa voiture, en y accrochant une banale remorque ? Pas assez rustique, voyons ! Il faut posséder son propre tracteur, et y ajouter un treuil motorisé et une puissante fendeuse, pour être sûr de faire des tas de bûches absolument impeccables. Rien que le prix de cet équipement suffirait à acheter et faire livrer du bois de chauffage pour des années.

Et pourtant, je comprends très bien ceux qui se lancent là-dedans. C'est le travail accompli, la fierté d'avoir tout fait soi-même, qui donne toute sa valeur à la flambée familiale du soir. Quand on sait qu'on a tenu en main, plusieurs fois, chacun de ces morceaux de bois que l'on jette dans les flammes tremblantes, l'aventure forestière résonne longtemps en nous. Alors que le bois ne coûte pas cher ! Même dans le contexte de baisse des cours du pétrole, le prix du combustible naturel reste nettement inférieur. Ainsi, un mètre cube de hêtre, livraison comprise en zone rurale, revient à moins de 50 euros. Sa valeur calorifique correspond à deux cents litres de pétrole, à 25 centimes d'euros le litre. Même le meilleur bois d'œuvre, celui qu'il serait dommage de brûler, ne vaut pas beaucoup plus cher que le mazout. Le boom que connaît actuellement la filière bois ne se traduit pas par une hausse des prix, mais seulement par une hausse des importations. Et comme celles-ci sont généralement issues du pillage des ressources naturelles, les plantations gérées de façon durable étant vraiment l'exception, le bois importé se vend à des tarifs défiant toute concurrence. En tant que consommateur, il est difficile de faire changer les choses, mais on peut en tout cas demander au vendeur si la forêt est certifiée FSC. Il s'agit d'un label écologique dont les exigences vont un peu au-delà du minimum prévu par la loi.

Une autre option consiste à se faire livrer le bois sous forme de troncs entiers devant sa porte. Mais les vendeurs de bois ne se déplaceront que pour un chargement complet, soit environ 40 mètres cubes. Une fois débité et rangé, cela représente un mur de bois d'un mètre d'épaisseur, de deux mètres de hauteur et de vingt mètres de long. Un peu trop encombrant pour votre jardin ? Pour chauffer entièrement au bois une maison aux normes récentes, dans un climat comme celui de l'Allemagne, il faut prévoir environ 10 mètres cubes par an. Étant donné que le bois doit être laissé à sécher au moins deux ans avant emploi, et de préférence trois, la livraison ne paraît pas si énorme. L'intérêt de ce choix, c'est la disparition du tracteur, ou de la remorque… mais la tronçonneuse est toujours requise. Dans votre jardin, le permis est superflu, mais je le conseillerais tout de même. Les lames sont extrêmement dangereuses, et les dents peuvent causer en une fraction de seconde des blessures gravissimes. Ajoutez-y les chutes d'arbres et les troncs qui éclatent, et vous obtenez un taux d'accident très élevé. Même dans le cadre professionnel, un travailleur sur trois subit chaque année un accident nécessitant un signalement.

Avec toutes les mises en garde nécessaires, donc, on peut le dire : « faire son bois » soi-même est vraiment une activité très plaisante. Il ne s'agit pas seulement de scier. Une fois les troncs débités en tronçons d'un mètre, les rondins doivent encore être fendus pour mieux sécher. Pour cette opération, une petite astuce à connaître : placer le rondin dans le bon sens, c'est-à-dire celui de la pousse, car il se fend bien plus facilement « du haut vers le bas » que la tête en bas, pour ainsi dire. Avec le temps, vous apprendrez à repérer les petites fissures du rondin où il faut placer la hache à refendre, également appelée merlin, pour minimiser l'effort. Pour moi, ce travail remplace avantageusement la salle de sport.

Mais il existe bien sûr aussi des méthodes plus confortables. On peut acheter le bois de chauffage chez un vendeur spécialisé ou dans un magasin de bricolage, déjà séché et en bûches du format voulu, au mètre cube, ce qui est bien pratique. Il est parfois livré dans des caisses où l'on pourra puiser pour remplir le panier à bûches du salon. Naturellement, ce confort a un prix, et surtout, il existe des surcoûts cachés. Car se pose ici une question cruciale : à quoi correspond exactement un mètre cube de bois ? Autant il est facile de mesurer ce que l'on verse dans une cuve à mazout, autant mesurer une quantité de bois est une tout autre affaire. Un mètre cube de bois est, comme son nom l'indique, un cube d'un mètre de côté, entièrement constitué de bois. C'est dans cette unité que sont évalués tous les troncs abattus et propres à la vente, afin que l'acheteur sache combien de matière première il acquiert. Cela peut paraître évident, mais vous allez bientôt comprendre pourquoi il me faut ici insister. Nous arrivons en effet dans le domaine de la spéculation. Le stère, aujourd'hui appelé officiellement « mètre cube apparent », est lui aussi un mètre cube, mais constitué cette fois-ci de tiges de bois empilées. Cette unité ancienne* concerne généralement du bois plus fin, voire refendu en quartiers, et la plupart du temps coupé à une longueur d'un à deux mètres. Mesurer le volume de chaque tronçon (ou billon) serait par trop fastidieux ; on mesure donc toute la pile d'un seul coup. Mais comme il y a des espaces entre les morceaux de bois, il y a beaucoup d'air dans ce mètre cube. Quel est le volume de ces espaces vides ? On est contraint de répondre « ça dépend ». Le bois est-il bien droit ou tordu dans tous les sens ? La surface est-elle bien lisse, ou des départs de branche empêchent-ils les bûches de bien se ranger côte à côte ? En moyenne, on compte pour un stère 30 % d'air et 70 %

---

* En France, cette unité de mesure n'est plus autorisée par la loi depuis le 1ᵉʳ janvier 1978, mais reste encore d'usage courant dans le commerce du bois de chauffage.

de bois. Si vous voulez comparer les prix, il convient donc de faire attention à l'unité de mesure utilisée.

Depuis quelques années, la nouvelle unité de mesure légale est le mètre cube de bois empilé, c'est-à-dire le volume occupé par le bois coupé à la dimension souhaitée (volume normalement inférieur au stère correspondant, donc). Petit problème : si le bois est d'ordinaire empilé et rangé le mieux possible, le bois de chauffage, lui, est de plus en plus souvent vendu prêt à l'emploi, en mini-bûches de trente centimètres de long, conditionné en vrac dans des sacs ou des caisses.

D'où, en pratique, encore plus d'espace perdu que dans un stère… si bien qu'un mètre cube de bois vendu en vrac contient au moins 50 % d'air. Et le consommateur ? À mon avis, il finit par y perdre son latin. Bien entendu, c'est agréable d'avoir son bois livré prêt à l'emploi. Mais dans cette montée en gamme, on finit par perdre l'important avantage financier que représente le chauffage au bois par rapport au mazout ou au gaz. Un exemple : en forêt, en bordure de chemin, un mètre cube de bois coupé prêt à être emporté vaut à peu près 55 euros. En tronçons d'un mètre, au bord du même chemin forestier, il faut déjà débourser 80 euros pour l'emporter (toujours à partir du mètre cube de départ). Débité en bûchettes et versé dans une caisse, le même bois grimpe à plus de 100 euros. Ajoutez à cela la livraison, environ 10 euros par mètre cube en vrac, et c'est l'inflation. Naturellement, tout cela représente davantage de travail que le tas de grumes dans un coin de la forêt que vous allez traiter et acheminer vous-même. Mais revenons à l'option du camion livrant en grosse quantité : pourquoi ne pas vous entendre avec un voisin pour vous partager la cargaison, puis vous entraider pour le mettre à la bonne taille et le ranger ? Outre l'aspect convivial, financièrement cela en vaut aussi la peine.

Mais évidemment, on peut faire encore moins cher. J'ai déjà vu des offres de bois en vrac en dessous de 60 euros*. Comment expliquer ces prix cassés ? Par l'importation sauvage d'origine douteuse. Qui sait comment les forêts de Roumanie ou de Russie sont actuellement pillées, et pour quels salaires de misère les ouvriers locaux travaillent ? Il vaut mieux éviter d'en acheter. Et si c'étaient d'inestimables forêts primaires qui partaient en fumée à prix cassés dans votre cheminée ? La soirée au feu de bois n'aurait plus rien de romantique.

C'est tout autre chose quand vous trouvez le bois conditionné en petits sacs dans un magasin de bricolage. Qui dit toute petite quantité dit prix multiplié, et il faut y ajouter que, contrairement à ce que l'on vous assure sur l'étiquette, le bois n'est généralement pas assez sec. Les bûches sont encore si fraîches et humides qu'elles pourrissent sur la palette. Cet excès d'eau est aussi ce qui explique pourquoi votre cheminée fume excessivement, en incommodant les voisins, mais aussi en vous mettant en infraction. Le bois à brûler ne doit pas contenir plus de 25 % d'humidité ; et encore, à ce stade-là, il émet trois fois plus d'émissions nocives que s'il en contenait 15 %. Le séchage se fait soit de façon artificielle, en chambre de séchage, soit tout simplement en entreposant le bois à l'air libre pendant plus de deux ans (ce qui pose un problème de place).

Pour ma part, j'aime faire les choses moi-même : je me fais livrer les troncs, je les débite en tronçons plus petits, je les fends, puis je les laisse sécher pendant deux ans avant de les couper en bûches de vingt-cinq centimètres de long. Ensuite, j'entasse un stock suffisant pour six semaines dans mon abri à bois, pour pouvoir facilement,

---

* En France, le prix du bois de chauffage varie entre 40 et 120 euros le stère, tournant le plus souvent autour de 70 euros. Outre l'essence du bois, le prix dépend en grande partie de la région et de la proximité ou non de forêts exploitables.

même quand je suis pressé, remplir le panier à bûches installé près de ma cheminée. Au total, j'ai calculé qu'avant de mettre une bûche dans le feu, je l'ai manipulée cinq fois. Ce qui finit par créer, en quelque sorte, une relation personnelle entre le bois et moi. Les morceaux qui m'ont donné du fil à retordre, ceux qui m'ont mis en colère, je les reconnais, tout comme les braves bûches qui m'ont facilité la tâche. Avec un chauffage au gaz, comment ressentir tous ces sentiments ?

Amoureux, donc responsables

Il y a quelque temps, mes amis, ma femme et moi, nous sommes partis randonner dans les monts du Harz, au centre-nord de l'Allemagne. Après une marche de plusieurs kilomètres dans les bois, nous avons débouché sur une clairière, qui s'est révélée une assez vaste prairie. La première chose qui m'a sauté aux yeux, c'est un panneau triangulaire encadré de vert. «Zone naturelle protégée», pouvait-on y lire. Juste au-dessous, une pancarte explicative précisait que cet espace était destiné à la protection de fleurs rares de montagne, et dans leur sillage, d'un grand nombre d'espèces animales menacées. L'Union européenne apportait son concours à la préservation de la biodiversité. De quelle façon? Il était facile de s'en rendre compte, à voir toutes ces souches qui séchaient en plein soleil, et non loin de là, les houppiers, hachés menus au bord du chemin. De quoi me mettre en colère – une fois de plus. Pourquoi? Parce que combattre la reforestation pour préserver un paysage ouvert, c'est tout sauf protéger la nature.

«Par nature», l'Allemagne est un pays de forêts: les nombreux paysages sans arbres que l'on y trouve sont presque tous le fruit des activités humaines. Depuis des millénaires, les bois sont défrichés et le sol exploité de façon si intensive par les activités agricoles qu'il arrive vite à bout de ressources. Avant l'invention des engrais artificiels, le peu de fumier que l'on pouvait y épandre ne suffisait qu'à de maigres récoltes. Avec le temps, seules les plantes capables de survivre avec très peu de nutriments parvinrent à tenir sur ces sols épuisés. Le pays natal de ces spécialistes des sols pauvres est le sud-est de l'Europe, mais profitant de la déforestation et de la destruction des sols, elles sont parvenues à s'étendre. Dès l'arrivée des engrais chimiques, fini les belles fleurs sauvages : les sols ont été artificiellement requinqués, et les prairies, pâturages et landes ont retrouvé le soc de la charrue. La nostalgie du bon vieux temps et des belles prairies romantiques a conduit à créer des zones de protection. La lande de Lunebourg, les alpages de l'Allgäu ou le massif du Harz dont je parlais en ouvrant ce chapitre ont au moins un point commun aux yeux des pouvoirs publics : le retour de la forêt doit y être combattu sans relâche.

Comment se fait-il qu'une nation qui aime tant les forêts en arrive à lutter pour éradiquer les arbres dans tant de secteurs ? À mon sens, l'amour de la nature est bien réel, mais se fourvoie en voulant sauver coûte que coûte le plus grand nombre d'espèces possible. Le maître mot de cette politique est la « biodiversité », qui devrait être défendue envers et contre tout, en volant au secours de toute espèce dès lors qu'elle se trouve menacée, à grand renfort de programmes de protection. Certes, il peut être bon de mettre en place des mesures, de façon exceptionnelle, pour préserver des espèces rares, gentianes, narcisses ou orchidées, là où elles sont menacées par l'agriculture actuelle. Mais il me faut ici dissiper un gros malentendu : la biodiversité et la protection de la nature sont deux choses bien différentes. Où trouve-t-on la plus grande variété d'espèces animales dans un même espace ? Dans un zoo, évidemment. Or, donner à un parc animalier le nom de «zone protégée» ne viendrait à l'idée d'aucun protecteur de la nature, même le plus passionné. Et pourtant, nous pratiquons la même chose dans les parcs nationaux et autres zones sous protection.

Il suffit que le coq de bruyère soit menacé d'extinction en Forêt-Noire, par exemple, pour qu'on lui crée une sorte de taïga artificielle en éclaircissant les forêts. Il y trouvera ce dont il raffole par-dessus tout : des buissons nains chargés de baies, comme les myrtilles. Outre les insectes, c'est la principale source de nourriture de toute sa petite famille. Si les insectes aimant la chaleur, comme les fourmis, mais aussi les myrtilles, peuvent se développer à cet endroit, c'est uniquement parce que dès le Moyen Âge, les hommes ont massivement défriché et dévasté les forêts. L'ombre des sous-bois abrités par la large couronne des vieux hêtres a cédé la place à un autre biotope, celui qui aime la lumière du soleil, où toutes sortes de plantes et de buissons ont soudain eu leur chance. C'est ainsi que le coq de bruyère s'est installé, profitant du déboisement entrepris par les êtres humains. Aujourd'hui, bien des forêts se referment, et une partie au moins des anciens feuillus peut revenir. Hélas, ce mouvement signe en bien des endroits le départ du coq de bruyère ; mais à plus large échelle, celui-ci n'est nullement en péril. L'un de nos séjours familiaux en Laponie suédoise nous a permis de constater qu'il s'y trouvait comme un coq en pâte (… qui est d'ailleurs volontiers consommé, mais nous nous écartons du sujet). En Europe, ce volatile n'est présent que dans un écosystème de type taïga. Ce qui correspond à quelques régions des Alpes au climat rude, juste avant la limite des arbres. Là-bas, l'oiseau si populaire n'est nullement menacé ; mais voici qu'on l'aime et qu'on le réclame ailleurs. La Forêt-Noire doit donc payer pour cet amour immodéré, car pour avoir le coq de bruyère, on fait une croix sur d'autres espèces. Lesquelles ? On ne le sait pas exactement, car les espèces autochtones de nos forêts sont encore très peu étudiées. Des centaines d'acariens, de collemboles et néréides attendent encore leurs spécialistes, mais cela ne les empêche pas de disparaître, dès que la déforestation apporte un surcroît de lumière aux sols forestiers, ou que l'on remplace une espèce d'arbre par une autre. En lieu et place des tendres feuilles de hêtre, ce sont des aiguilles coriaces et acides qui tombent et gâchent le repas de ces petites créatures, qui finissent par mourir de faim. Qui pleurera les acariens ? Ils n'ont pas de jolis petits yeux, n'évoquent rien d'autre que des allergies « à la poussière » et sont bien incapables de lever des fonds. Et pourtant, ils devraient au moins jouir de la même considération que le plancton marin : ce plancton terrestre constitue lui aussi le premier maillon de la chaîne alimentaire, ce qui le rend indispensable à la vie de nos forêts.

Pour sauver une seule espèce d'oiseau, on modifie en profondeur la structure de la forêt, ce qui, avec les meilleures intentions du monde, aboutit à faire mourir localement quantité d'autres espèces. Je voudrais préciser ici à qui s'adresse ma critique. Comment pourrait-on en vouloir au grand public de soutenir ce type d'actions ? Les gens font confiance au discours des professionnels. Mais ceux dont c'est le métier, en revanche, ne devraient pas se laisser guider par la sympathie que leur inspirent des oiseaux imposants ou de jolies fleurs ; leur seul guide devrait être la mission qui leur est confiée, à savoir la préservation d'un écosystème local. À l'échelle de la planète, il s'agit de sauvegarder une petite partie des anciennes hêtraies primaires ; et pourtant, jusqu'ici, cette mission n'a jamais été prise vraiment au sérieux. Peut-on au moins compter sur les nouveaux parcs nationaux que l'on a vus pousser comme des champignons ces dernières décennies ?

Pour ma part, je me suis réjoui de la création du parc national de l'Eifel, le 1er janvier 2004. Mais le peu de zones que nous avons réussi à placer sous protection à ce jour nous interdit de jouer les donneurs de leçons au reste du monde, pour la préservation des forêts amazoniennes, par exemple. Notre responsabilité serait déjà de conserver ou de faire revivre des forêts primaires de hêtres qui, à l'échelle mondiale, sont finalement toutes petites. L'Allemagne occupait dans ce paysage de hêtraie une place centrale – je parle au passé, parce que de ces paysages presque rien ne subsiste aujourd'hui. Malgré tout, quelques forêts historiques ont survécu : en dépit de la récolte de bois, leur système est resté proche de son équilibre naturel. Certaines de ces forêts ont constitué le cœur de nouveaux parcs naturels, comme celui de l'Eifel. Mais dans la mesure où les vestiges des forêts primaires sont trop éparpillés pour atteindre la surface minimale requise à l'échelle internationale, à savoir cent kilomètres carrés, les plantations d'épicéas qui les entourent ont été, elles aussi, intégrées au périmètre du parc. Ce qui est plutôt une bonne idée : après tout, ces arbres ont le mérite d'être là, même si ce ne sont pas ceux que l'on aurait souhaités. Sous les résineux peuvent pousser de jeunes hêtres, et pendant les cent ou deux cents premières années de leur vie, ils ont absolument besoin d'ombre. C'est ainsi que nous procédons dans mon district : les épicéas plantés jadis servent en quelque sorte de parents adoptifs à nos jeunes feuillus. Précisons que les conifères de mon secteur sont eux aussi touchés par les attaques parasitaires ; comme le climat devient vraiment trop chaud pour les épicéas et les pins, sans intervention de ma part, dans quelques années plus un arbre ne serait debout dans les zones de plantation. Les arbres atteints sont donc abattus, puis écorcés pour priver les insectes de lieu de reproduction. De cette façon, on parvient à éviter une infestation massive, et à permettre aux vieux pins de donner de l'ombre aux jeunes hêtres.

Mais dans l'enceinte d'un parc national, ce serait contreproductif. En effet, même si on a sans doute raison de supposer que, dans les conditions climatiques actuelles, c'est une forêt de hêtres qui va finir par apparaître, il faut laisser ce choix (ou un autre ?) à la nature elle-même. C'est ce qui rend l'aventure si passionnante : voir si nos théories se vérifieront ou si l'on assistera à un tout autre scénario. Or, dans les faits, on assiste à des processus étonnants, mais qui sont tout sauf naturels. Étant donné que, dans tous les parcs nationaux, des forestiers sont aux commandes, on y pratique ce qui est depuis long-temps interdit en sylviculture : des coupes rases de grande ampleur. Comme dans n'importe quelle forêt, des mastodontes viennent écra-ser le sol, ébrancher et tronçonner les arbres, qui prennent ensuite le chemin de la scierie la plus proche pour y être vendus. Et la mission de protection de la nature ?

Dès que le statut du parc entre en vigueur, les responsables n'ont rien de plus pressé que de se débarrasser de tous les résineux en présence. Tout à coup, ils deviennent des intrus dont la présence est insupportable. Sauf que la forêt de feuillus tant espérée a besoin d'ombre pour advenir. Rien à voir avec les épicéas, par exemple, capables de germer par millions sur un terrain complètement décou-vert, pour former ce qu'on veut officiellement éviter : une forêt de conifères. En partant d'une coupe à blanc, l'apparition d'une forêt primaire est encore repoussée d'au moins un siècle, tandis que le bois coupé, lui, est soigneusement protégé contre les bostryches et les champignons pour être mis à la disposition de l'industrie – ce qu'on se garde bien de mentionner sur les prospectus.

Et si on ne faisait rien du tout ? Comme on peut l'observer à grande échelle dans ce que l'on appelle le « cœur » du parc national de la Forêt bavaroise (c'est-à-dire dans la zone où toute intervention est interdite), les résineux meurent en masse, suite aux attaques répétées des insectes parasites. Les troncs des arbres morts offrent encore un peu d'ombre, mais pas suffisamment. Le résultat est un mélange de feuillus et de résineux qui prospère mieux qu'auparavant pour une raison nouvelle : l'enchevêtrement des troncs d'arbres abattus gêne la progression des chevreuils, qui ne peuvent aller brouter les jeunes pousses dans les sous-bois. La lente décomposition des épicéas fournit un nouvel humus, capable de se gorger d'eau et d'aider la végétation à passer les étés trop secs. Il faudra tout de même cinq cents ans pour qu'une authentique forêt voie le jour. Mais la forêt est patiente – cinq siècles, à l'échelle d'un arbre, c'est le temps d'une génération.

Si l'on veut envisager tous les aspects de la protection de la nature en forêt, il faut encore parler des animaux. Non pas des espèces sauvages, que nous connaissons bien désormais, mais de leurs variantes domestiques, qui depuis des millénaires entrent en concurrence avec leurs ancêtres sauvages, à présent si inférieures en nombre. Si les loups sont rares, cela ne vaut que pour la variété sauvage. Leurs frères domestiqués, eux, se comptent par millions, et eux aussi, ils entendent bien profiter de la forêt. Ce qu'un chien aime plus que tout en forêt ? Courir partout sans sa laisse. Mais à quoi s'expose-t-on alors ? La plupart des chiens possèdent un instinct de chasseur hérité de leur passé. Jusqu'au plus petit chien de salon, les différentes races de chiens ont en effet été créées pour répondre à un certain besoin, le plus souvent lié à la chasse. Le repérage et la traque du gibier, l'arrêt (où le chien signale la présence de gibier dans les broussailles pour que le chasseur se tienne prêt à tirer), la recherche au sang (retrouver le gibier abattu ou blessé), la levée du gibier d'eau : la palette des talents est presque infinie.

Certes, la plupart des chiens sont aujourd'hui considérés comme des membres de la famille bien plus que comme des auxiliaires de chasse ; et pourtant, au cœur de la forêt, l'instinct de poursuite a tôt fait de reprendre le dessus lorsque passe un lièvre ou un chevreuil. Si les bêtes sont en bonne santé, un chien seul est bien incapable de les attraper. Les chevreuils, par exemple, ne filent pas en ligne droite, mais en formant des cercles, si bien que leur piste se superpose avec celle de leurs précédents passages, ce qui perturbe l'odorat des chiens, qui finissent par rentrer bredouille. Le danger, pour les hôtes des bois, commence si deux chiens ou plus les prennent en chasse ensemble, car ils peuvent leur barrer la route et leur couper toute retraite. Dommage : en général, les chiens n'adoptent pas la bonne vieille méthode des loups, qui prennent leurs victimes à la gorge – ce qui entraîne une mort rapide. Bien souvent, les chiens visent plutôt l'arrière-train ou le flanc de l'animal, ce qui cause de graves blessures, et pour finir, une agonie de plusieurs jours. Chaque Land a sa propre réglementation concernant les chiens, et si aucune disposition particulière n'est prévue, un chien peut aller et venir à sa guise, mais doit rester en permanence sous le contrôle de son maître, autrement dit revenir aussitôt qu'il l'appelle ou le siffle.

Notons que la laisse n'a pas que des avantages. Un jour, j'ai trouvé dans une parcelle plantée de jeunes épicéas un vieux collier de chien, avec la laisse encore accrochée. Tous deux moisissaient au pied d'un arbre, visiblement depuis des années, et constituaient les derniers vestiges d'un drame. Le chien avait dû échapper à son maître ou à sa maîtresse, puis s'accrocher à une branche, trop loin pour qu'on l'entende. Sans doute est-il resté là à mourir de faim, avant d'être dévoré par les renards ou les sangliers. Laisser courir son chien en forêt, oui… mais sans laisse ni collier.

La forêt par mauvais temps

Que faire en forêt sous l'orage ? Naturellement, il est très déconseillé d'entreprendre une balade en forêt quand le tonnerre gronde, mais dans le cas où l'on serait surpris par le mauvais temps, il vaut mieux savoir comment faire. En langue allemande, un vieux proverbe conseille de s'abriter sous un hêtre, mais jamais sous un chêne. Il provient des observations de nos ancêtres, qui voyaient des signes de la foudre sur les chênes, mais jamais sur les hêtres. D'où l'idée que ces derniers offriraient une meilleure protection.

La sagesse populaire est ici trompeuse : les hêtres ne sont aucunement à l'abri de la foudre. Cependant, sur leur écorce lisse, il se forme par temps de pluie une bonne couche d'eau qui ruisselle de façon continue jusqu'aux racines. Sous une pluie battante, on voit même une écume blanche monter au pied de l'arbre. Les chênes, au contraire, ont une écorce très rugueuse et irrégulière. À sa surface, l'eau de pluie ne forme pas un film continu, mais une multitude de petites flaques et rigoles : le flux est sans cesse interrompu. Or, l'éclair qui tombe cherche toujours le chemin le plus court et le plus conducteur : dans ce cas-là, il ne passe pas sur l'écorce, mais au cœur de l'arbre. En effet, la charge électrique parcourt les vaisseaux internes de l'arbre, ceux qui, dans les couches les plus extérieures du bois, transportent le liquide des racines vers le feuillage. Mais ces conduits fins comme des cheveux n'étant pas de taille à supporter une charge aussi gigantesque, ils éclatent instantanément. En certains endroits, l'explosion est si puissante que de gros éclats de bois volent dans les airs comme autant de lames de couteaux, et se plantent dans les arbres voisins. Des années après, l'écorce d'un chêne foudroyé est encore profondément entaillée, ce qui a conduit nos ancêtres à se méfier, en pensant que cette essence attirait la foudre comme un aimant. En réalité, le risque d'être frappé par la foudre est exactement le même pour toutes les espèces d'arbres : seule la hauteur entre en ligne de compte. En conséquence, évitez les crêtes et les sommets, et ne vous abritez pas sous un arbre trop haut, susceptible de dépasser au-dessus des autres.

Plus fréquente que l'orage : la pluie, tout simplement. Que faire lorsqu'une grosse averse s'abat sur vous, sans parapluie ni K-Way à portée de main ? Il s'agit de faire le bon choix : un arbre, oui, mais lequel ? Car ici, contrairement à ce que nous avons rappelé pour l'orage, il y a de vraies différences entre les espèces d'arbres. Les branches des feuillus s'élèvent en diagonale vers le haut, ce qui permet à l'eau de se rassembler et de descendre jusqu'aux racines, en coulant le long du tronc. Chênes et hêtres sont de véritables entonnoirs : c'est pourquoi rester dessous quand il pleut est franchement désagréable. Ajoutez à cela que, longtemps après le retour du soleil, des gouttes tombent encore des feuilles, d'où le dicton : « Sous les arbres, il pleut toujours deux fois. »

Du côté des grands conifères, il en va autrement. Ils sont originaires du Grand Nord, autrement dit de régions où l'humidité est élevée. Collecter de l'eau par les branches n'est pas aussi important ; en revanche, il faut résister aux fortes chutes de neige, car ce fardeau blanc a tôt fait de briser des houppiers entiers. C'est pourquoi les

Matin brumeux, Perthshire, Écosse.
Dans les contes de fées, quoi de plus mystérieux et romantique que
ces troncs d'arbres qui disparaissent et réapparaissent dans la brume ?

branches poussent plutôt à l'horizontale, avec des extrémités inclinées vers le bas. S'il tombe beaucoup de neige, l'arbre peut resserrer ses branches sous le poids, un peu comme on referme un parapluie : vue d'en haut, sa silhouette s'affine visiblement. Et quand il pleut ? Une bonne partie de l'eau s'écoule le long des branches, c'est-à-dire en s'éloignant du tronc. C'est pourquoi, au pied d'un résineux, on est toujours bien au sec : bon à savoir en cas d'averse ! Sous un épicéa, par exemple, plus vous vous rapprochez du tronc, plus vous restez au sec. Sous nos latitudes, ce qui est un avantage pour nous est un handicap pour l'arbre, car il « gaspille » ainsi une eau qui lui serait très précieuse. Ajoutez à cela des sols compactés par les machines, et la grande soif de l'été vient encore plus vite.

Mais dans une forêt de feuillus, vous pouvez vous fier à la météo des oiseaux. Le pinson des arbres, par exemple, a plusieurs chants à son répertoire. Pour reconnaître son chant habituel, celui du beau temps, on peut mémoriser une phrase où chaque syllabe imite à peu près le son entendu, comme mon professeur de sciences naturelles nous l'apprenait quand j'étais au collège. « Dis, dis, dis, veux-tu que j't'estropie, mon p'tiot ? » chante en substance le pinson quand il fait beau. Que la pluie approche, et il passe à un bien plus sobre « Reeeetch ! »

Quant au brouillard, il offre un calme toujours trompeur. On avance sous les vieilles frondaisons, et soudain… que se passe-t-il ? Dans les contes de fées, quoi de plus mystérieux et romantique que ces troncs d'arbres qui disparaissent et réapparaissent dans la brume ? La vapeur d'eau étouffe tout à coup les sons, si bien que l'on se sent totalement seul dans la nature. Mais quand le brouillard est vraiment très épais, on entend de temps en temps un grand « boum », comme si quelque chose de lourd s'abattait sur le sol de la forêt. Ce qui est bien le cas. Ce sont des branches grosses comme le bras qui tombent du houppier d'un grand feuillu. Sans le moindre souffle de vent ? Si la tempête faisait rage, personne ne s'en étonnerait, mais par temps calme, nul ne s'attend à ce qu'un danger mortel vienne d'en haut. Mais les branches mortes, fragilisées, se gorgent d'eau comme des éponges, déjà bien attaquées par les champignons, bactéries et larves de coléoptères, car ces petits organismes rongent sans trêve le bois en laissant derrière eux une substance aussi tendre que du coton. L'humidité que ces branches puisent dans le brouillard est la goutte d'eau qui fait déborder le vase : ce poids supplémentaire excède leur capacité de résistance, le bois cède et la branche s'écrase bruyamment au sol.

Autre phénomène aussi dangereux pour vous que pour les arbres, malgré sa beauté féerique : le givre. C'est à nouveau la faute du brouillard, cette fois-ci en cas de températures négatives. Si cette situation se prolonge sur plusieurs jours, de plus en plus de cristaux de glace se fixent sur les branches. Jusqu'à ce que de grosses branches se brisent sous la charge, ou même l'arbre entier. Précisons toutefois que cela n'arrive que tous les cinq à dix ans maximum. Jusqu'à maintenant, dans ma vie professionnelle, je n'ai pu constater de dégâts importants qu'une seule fois. Pendant trois jours, il était tombé une petite pluie fine, apparemment bien inoffensive, et toute la forêt s'était peu à peu couverte d'une carapace de glace de plusieurs millimètres d'épaisseur. Sous le poids, de jeunes arbres, surtout, se courbaient jusqu'au sol, tandis que des résineux plus âgés voyaient leur sommet céder et tomber au sol. Aucun promeneur ne mettait alors le nez dehors, car les chemins verglacés étaient devenus de véritables toboggans.

Pour les promeneurs, le danger est cependant limité, et sans doute moindre que celui représenté par la foudre. Le brouillard est-il plus dangereux que la tempête ? Sûrement pas. Pour ma part, je sors sans inquiétude dans la purée de pois, mais en cas de vent violent, je reste à la maison : ce sont alors des arbres entiers qui peuvent se rompre et s'abattre à tout moment.

Le tesson de bouteille :
un mythe tenace

Les bouteilles en verre suscitent régulièrement certaines psychoses. Des bouteilles ? Comment un objet aussi inoffensif peut-il inquiéter à ce point, et surtout, quel rapport avec la forêt ? Laissons d'abord s'exprimer les plus anxieux de nos concitoyens : selon eux, les bouteilles abandonnées dans la nature seraient responsables de certains feux de forêt. Le fond des bouteilles, surtout, avec son verre épais, fonctionnerait à la manière d'une loupe en concentrant les rayons du soleil en un point, et la chaleur qui en résulte pourrait enflammer les herbes sèches aussi bien qu'un briquet ou une allumette. Cela paraît logique : quand j'étais petit garçon, je me suis amusé à allumer un feu avec une loupe, en ressentant le même enthousiasme à chaque fois que le petit point blanc des rayons solaires convergents finissait par enflammer le papier journal. Si un cul de bouteille avait la même courbure qu'une loupe, il pourrait produire le même effet. Cependant, je n'ai jamais eu vent d'un incendie véritablement provoqué par un tesson de bouteille abandonné par des promeneurs. La question préoccupant également les journalistes, le quotidien allemand *Die Zeit* a confié une mission expérimentale aux services météorologiques. À partir d'un fond de bouteille à la forme optimale, un ingénieur météo a essayé d'obtenir des températures supérieures à 200 °C – soit le minimum requis pour un départ de feu. Or, en dépit de tous ses efforts, dans les conditions privilégiées d'un laboratoire, les matériaux inflammables disposés à cet effet n'ont pu atteindre que 80 °C[25].

Le verre n'a donc aucune responsabilité dans les feux de forêt… ce qui ne doit pas être une excuse pour s'en débarrasser dans les bois ! Il m'arrive sans cesse de retrouver des dépôts d'ordures remontant aux années 1950 et 1960. La population des villages environnants avait alors coutume de se débarrasser de ses déchets en les balançant dans le ravin le plus proche : loin des yeux, loin du cœur ! Ces décharges sauvages, au moment de la mise en place d'une réglementation sur les ordures, ont été recouvertes d'un peu de terre, et les péchés du passé ont été bien vite oubliés. Je me suis longtemps demandé comment on pouvait aimer sincèrement la nature et se comporter de la sorte. Or, la réponse n'est pas si compliquée : jusqu'à l'arrivée massive des matières plastiques, la plupart des déchets étaient biodégradables. Le bois, le cuir, le papier : tout finissait par retourner à la poussière, plus ou moins lentement. Il n'était donc pas si grave d'en faire un tas et d'aller le jeter dans un lieu suffisamment isolé. Quant au verre ou au métal, qui avaient une certaine valeur, ils étaient collectés et réutilisés ou recyclés, si bien que les dommages sur le paysage restaient finalement limités.

Cependant, dans les décennies de l'après Seconde Guerre mondiale, avec la hausse du niveau de vie, la mentalité du jetable s'est installée, tandis que la vieille tradition de la boîte à ordures déversée derrière les maisons se maintenait encore quelque temps. Cette période d'entre-deux nous gratifie aujourd'hui encore de maintes trouvailles en fer ou en métal, dissimulées sous une mince couche de terre lessivée par endroits. Un instant d'inattention, et l'on se retrouve avec un morceau de verre planté dans le pied. Et encore, nous autres humains portons des chaussures – mais hélas, pas les animaux. À nous d'éviter à tout prix d'ajouter nos déchets à ceux qui polluent déjà les bois, et ce même si les bouteilles n'ont aucun rapport avec les feux de forêt.

Sur le chapitre des incendies : il s'agit d'un phénomène naturel associé aux mois secs et chauds de la saison estivale. Pour le comprendre, vous pouvez vous livrer chez vous à une petite expérience. Procurez-vous une branche verte de hêtre ou de chêne, et essayez de l'enflammer. C'est parti, à vous de jouer ! Résultat ? Ça ne marche pas. Quand ils sont vivants, les feuillus ne brûlent pas, en dépit de tous vos efforts. Et comme la foudre non plus n'arrive pas à déclencher un incendie, il n'y a pas d'incendie de forêt naturel dans l'écosystème européen.

Certes, de temps à autre, un feu fait la une des journaux, même quand ce n'est pas une vraie forêt qui flambe. Des plantations de pins, d'épicéas et d'autres résineux constituent désormais plus de la moitié de nos « forêts », ces plantations monotones qui n'ont plus rien à voir avec la nature. Les aiguilles, les écorces et le bois contiennent des huiles essentielles et des résines qui constituent un excellent combustible. De plus, au pied de ces arbres se forme un gros tas de litière bien sèche, car les petits habitants de nos sols sont incapables de digérer ce menu bien trop acide. Un tel support n'attend plus qu'un mégot de cigarette pour prendre feu. C'est ainsi que, dans la canicule estivale, il suffit littéralement d'une étincelle pour que des centaines d'arbres partent en fumée. Pour éviter que les incendies ne s'étendent, il faut compter sur les services de surveillance des feux de forêt, qui ont fort à faire, en période critique, pour signaler à la caserne de pompiers la plus proche le moindre panache de fumée.

Existe-t-il de « bons » déchets, j'entends par là des éléments que l'on pourrait laisser sans dommage dans les bois ? Lors des sorties que j'encadre, la question revient fréquemment. Qui a envie de remettre dans son sac à dos une vieille peau de banane ou un trognon de pomme tout humide ? Ou le mouchoir en papier dans lequel on vient juste de se moucher ? Il est tentant de jeter tout cela dans les broussailles d'un sous-bois, puisqu'il s'agit de matières organiques qui s'intégreront à l'humus au bout de quelques mois. Cependant, je préfère déconseiller cette solution, pour plusieurs raisons. Sur la peau d'un fruit, des pesticides ont pu être pulvérisés, ou des cires destinées à lui donner un bel aspect dans les rayons. Ces produits ralentissent la décomposition et apportent des molécules chimiques dans des sols qui en étaient jusque-là préservés. Même chose pour les mouchoirs en papier, mais avec une nuisance supplémentaire : leur couleur blanche les rend bien visibles, signalant aux passants la présence de déchets dans ce coin-là de la forêt. Or, les déchets appellent d'autres déchets. Aujourd'hui, vous avez peut-être constaté qu'il est rare de trouver une poubelle à proximité des maisons forestières. Pourquoi ? Tout simplement parce qu'une fois la corbeille pleine, on a tendance à tout jeter à côté. En l'absence de poubelles, les passants sont davantage incités à remporter leurs papiers gras à la maison – à moins que les promeneurs précédents n'aient déjà abandonné les leurs dans un coin. Puisque c'est déjà sale, en mettre encore un peu plus n'est pas bien grave, n'est-ce pas ? C'est pourquoi je préfère suivre cette règle simple : tout déchet, biodégradable ou non, doit retourner d'où il vient, à savoir au fond de mon sac à dos !

Sans montre ni boussole

Mes proches le savent, je suis un fanatique des montres. Si je n'ai rien à mon poignet, je ne me sens pas tout à fait habillé. Ce n'est pas seulement dû aux nombreux rendez-vous qui se succèdent dans mes journées de forestier et que je crains de manquer (car contrairement aux idées reçues, ce métier n'est pas synonyme de détente). J'aime aussi le tic-tac des horloges mécaniques, et l'écho des heures qui sonnent et nous parlent de l'ancien temps.

Que nous lisions l'heure sur ces antiquités ou sur l'écran d'un smartphone, nous avons tous intégré ce découpage social du temps. Et pourtant, il se révèle largement inexact, du moins du point de vue de la forêt. Précision astronomique : l'heure à laquelle vous vous référez est l'heure normale d'Europe centrale (HNEC). Elle correspond à la position du soleil sur le quinzième méridien est*. Quand il est midi, par exemple, cela signifie que le soleil est au zénith pour tous les points situés sur cette ligne. En Allemagne, cela correspond à la ville de Görlitz, à la frontière polonaise ; en Autriche, à Gmünd ; quant à la

---

* Après avoir adopté l'heure du méridien dit de Greenwich en 1911, la France prend elle aussi pour référence l'heure normale et l'heure avancée d'Europe centrale en 1976, comme la plupart des pays européens.

Suisse, la France ou la Belgique, elles ne sont même pas traversées par cette ligne. Pour tous les points de la carte qui ne sont pas sur la ligne, l'heure de l'horloge n'est jamais en accord avec celle du soleil. Dans le village de Hümmel où je travaille, le décalage est d'environ une demi-heure : quand il est midi à ma montre, il n'est que 11 h 30 au soleil. Comme je me trouve à l'autre bout de l'Allemagne, tout à l'ouest, près de la frontière française, la Terre doit encore tourner pendant trente minutes pour que le soleil soit au zénith au-dessus de ma tête.

Mais l'écart se creuse encore lors du passage à l'heure d'été (heure avancée d'Europe centrale ou HAEC), puisqu'en retardant nos montres, nous augmentons encore l'erreur de soixante minutes. Résultat, si je me trouve à Hümmel et que je regarde la pendule de ma salle à manger à midi, il n'est encore que 10 h 30 au soleil. Pourquoi est-ce important ? Parce que la forêt ignore totalement l'heure des hommes, et se contente de vivre à son propre rythme, celui que lui dicte le soleil. Comme nous, elle fait la différence entre le jour et la nuit, entre l'aube et le crépuscule, et entre les différentes phases d'une journée. Les oiseaux, par exemple, ont une conscience très fine de la luminosité. Afin que chaque chanteur ait une chance de se faire entendre, chaque espèce a son heure, ou plutôt sa hauteur de soleil, et intervient toujours au même moment. Si l'alouette des champs attaque une bonne demi-heure avant le lever du soleil, le pouillot véloce, lui, ne se joint au concert que soixante minutes plus tard. Une fois que vous aurez identifié les espèces d'oiseaux que l'on trouve près de chez vous, vous pourrez, grâce à leur chant, bénéficier de votre propre horloge naturelle. En sachant que tous les oiseaux s'accordent au moins sur un point : dès que le soleil s'élève au-dessus de l'horizon, ils se mettent tous à chanter en chœur. L'horloge des chants d'oiseaux ne servira donc qu'aux plus matinaux d'entre nous, et en période plutôt estivale.

Forêt de hêtres, Pays basque, Espagne.
En l'absence de boussole, il est possible
de s'orienter d'après la densité de la mousse,
qui pousse de préférence dans les zones
ombragées et humides. Attention toutefois :
la méthode reste assez aléatoire !

Savez-vous ce qu'apprennent traditionnellement les scouts à propos de la mousse ? Le côté où pousse la mousse, c'est celui où tombe la pluie. Les troncs des arbres sont plus souvent mouillés de ce côté-là, et la mousse aime l'humidité. À la manière d'une boussole, elle indique donc non pas le nord, comme on l'entend parfois, mais l'ouest. C'est la plupart du temps le cas ; mais si, en pleine forêt, vous vous en remettez totalement à l'emplacement de la mousse pour vous orienter, vous risquez fort de vous perdre. En effet, sous la canopée, la forêt est à l'abri du vent, si bien que la pluie tombe souvent de haut en bas, verticalement. La présence de mousse peut donc indiquer tout autre chose. Les arbres, eux, poussent rarement en ligne droite ; la plupart des troncs ont une forme légèrement courbe, un peu comme une banane. Comme nous l'avons dit plus haut, les feuillus recueillent la pluie par leurs branches et la conduisent le long du tronc jusqu'aux racines. Le parcours de l'eau est donc influencé par la forme du tronc. À l'intérieur de la courbe, il se forme un petit ruisseau, tandis que dessous, les gouttes ont tendance à tomber rapidement au sol, si bien que l'écorce d'un hêtre, par exemple, ne présente pas d'humidité en dessous. De ce côté-là, la mousse a du mal à se former, tandis qu'elle s'épaissit sur la partie la plus arrosée du tronc. Les coussins de mousse soulignent donc la courbure de l'arbre bien plus que tel ou tel point cardinal. Et, comme les arbres ne sont pas tous courbés dans le même sens, la mousse apparaît tantôt d'un côté, tantôt d'un autre : vous pourrez le vérifier lors de votre prochaine sortie en forêt. Par ailleurs, il est rare de voir de la mousse sur le tronc d'un résineux, dont les branches évacuent l'eau au lieu de la collecter. Ce qui leur évite au moins d'égarer les troupes d'éclaireurs.

Peut-on encore se perdre dans une forêt d'Europe ? Plus vraiment. Grâce aux smartphones et aux GPS, il est facile de connaître à chaque instant sa position et le chemin à suivre pour parvenir à bon port.

Cela dit, même la bonne vieille carte à déplier reste une option très fiable : il pourra vous arriver de prendre le mauvais embranchement, mais se tromper au point d'errer une journée entière sous les arbres est hautement improbable. Car nos forêts sont finalement toutes petites. Un coup d'œil à une vue aérienne, sur Internet par exemple, est révélateur : les zones boisées forment des îlots minuscules. Les chercheurs considèrent que le climat véritablement forestier ne règne qu'à un kilomètre de distance de la prairie, la route ou l'agglomération la plus proche. Or, en parcourant un kilomètre, dans bien des endroits, on est déjà sorti de la forêt.

Les animaux sauvages nous fournissent d'autres éléments de mesure. Saviez-vous que même le petit chat sauvage d'Europe, qui se nourrit principalement de souris, a déjà besoin d'un territoire de cinq à dix kilomètres carrés ? Ce qui nous donne une bonne indication de la taille que devraient en réalité atteindre des forêts dignes de ce nom : celles de plusieurs territoires de chat sauvage. Mais ce n'est pas tout. Selon les services forestiers allemands, pour un kilomètre carré de forêt, il faut compter près de treize kilomètres linéaires de voies carrossables. Le moindre recoin de chaque parcelle doit en effet être desservi par les camions qui emportent tout au long de l'année le bois coupé. De part et d'autre de ces voies, des traces de véhicules révèlent l'existence de voies secondaires prévues pour le passage des grosses machines récoltant le bois. Ces « pistes de débardage » étant espacées de vingt mètres seulement les unes des autres, on en arrive au total assez incroyable de cinquante kilomètres linéaires par kilomètre carré de forêt. On est loin de la vie sauvage. La plus grave mésaventure qui puisse arriver à un promeneur est donc d'arriver à un autre village que celui qu'il voulait atteindre, et de devoir appeler un taxi pour retourner à sa voiture. Si vous voulez être sûr de ne pas tourner en rond, il existe une règle d'or : toujours descendre vers la vallée, jusqu'à ce que l'on croise une route goudronnée. En suivant ce principe, vous pourrez sans doute faire quelques détours, mais pas tourner en rond sans arriver nulle part. Si vous êtes perdu en montagne et que vous rencontrez un cours d'eau, vous pouvez aussi le longer, en suivant le sens du courant, ce qui revient également à descendre vers la vallée.

Mais la perspective de s'égarer une journée entière sans nourriture et sans téléphone portable n'a-t-elle pas quelque chose d'à la fois inquiétant et fascinant ? Cette pensée vous saisit forcément dès lors qu'il vous arrive, en forêt, de ne plus savoir où vous êtes. Que faire ? La forêt offre suffisamment de ressources pour vous permettre de survivre assez longtemps. Et il est très amusant d'essayer – surtout lorsque ce n'est pas par nécessité absolue, mais par jeu.

Survivre dans les bois

Il y a quelques années, j'ai organisé des stages de survie. Les participants n'avaient le droit d'emporter qu'un sac de couchage, une tasse en métal et un couteau. Notre petit groupe partait à pied dans une zone reculée de mon district forestier, pour y passer le week-end entier. Comme les stages avaient lieu la plupart du temps entre mai et septembre, le but était de trouver suffisamment d'éléments comestibles pour nourrir tous les participants. Champignons, baies sauvages, noix ? En réalité, vous pouvez oublier ce trio gourmand. Pourquoi ? Parce que ces végétaux ne sont disponibles dans la nature que quelques semaines dans l'année, et qu'à l'exception des noix, ils ne sont guère caloriques. Par expérience, je peux vous assurer que les noix et noisettes ne restent pas longtemps sur place, mais sont bien vite englouties par les écureuils, souvent avant même d'arriver à maturité.

Il faut donc se tourner vers d'autres aliments. Il en est un que l'on trouve en quantité : le cambium des épicéas. Il s'agit de la couche de croissance des arbres, située juste sous l'écorce. Vers l'intérieur, cette couche produit du bois ; vers l'extérieur, elle produit de l'écorce. En hiver, quand l'arbre contient peu d'eau, l'écorce reste fermement collée au tronc. Mais à partir du mois de mars, dès que l'épicéa sort de son sommeil hivernal et se remet à pomper l'eau contenue dans le sol, l'enveloppe extérieure du tronc se détache plus aisément si l'on glisse une lame de couteau sous l'écorce. Cela fonctionne particulièrement bien en mai : grâce à cette technique, on peut même arracher de longues bandes d'écorce. Pour ne pas abîmer des arbres sur pied, je vous conseille d'essayer plutôt sur un épicéa déraciné par la dernière tempête. Une fois l'écorce enlevée, le bois se révèle, et avec lui, le cambium d'un blanc laiteux, d'aspect luisant, car il est plein de sève. Vous pouvez maintenant gratter la surface avec une lame plate pour en détacher des bandes – et le tour est joué ! Le goût rappelle celui de la carotte, en plus résineux. Outre des vitamines, le cambium contient des sucres rapides et autres glucides. Quantitativement, le cambium constitue l'une des meilleures nourritures de la forêt, et qualitativement, l'une des plus appréciables au goût.

Carotte et résine, une apothéose gustative ? Assurément, et si nous ne savons plus l'apprécier, c'est de notre faute. Les aliments directement issus de la nature ont généralement une saveur amère ou acide et une consistance fibreuse et dure ; ils ne sont disponibles qu'en toute petite quantité, si bien qu'il faut passer le plus clair de sa journée à rechercher de quoi se nourrir. Dans ce contexte, le cambium est une véritable bénédiction. Si nous l'avons oublié, c'est lié à l'évolution générale de notre alimentation. Dans ces dernières décennies, l'alimentation humaine a été soumise à une compétition impitoyable. Nos palais sont accoutumés à privilégier les mets les plus rares et les plus riches en calories : cette préférence inscrite dans nos gènes nous vient des temps les plus anciens. Tout ce qui est gras, sucré, salé, et plus que tout, ce qui contient un maximum de glucides : voilà ce vers quoi les humains sont irrésistiblement attirés. Il y a dix mille ans, c'était sans doute salvateur, car les bombes caloriques étaient bien rares : si on avait le bonheur d'en découvrir une, il fallait en profiter immédiatement. Mais à l'heure des hypermarchés débordant de nourriture, ce comportement n'a plus de sens. Hélas, il n'est pas si simple de laisser de côté ce que nous dicte notre instinct. Bien au contraire, par l'agriculture, par l'industrie, notre alimentation n'a fait que se perfectionner afin de s'adapter toujours plus à nos désirs inconscients. Seuls les produits qui flattent les papilles du plus grand nombre survivent sur ce marché hautement concurrentiel, jusqu'à ce qu'un nouveau produit apparaisse, encore plus attirant. Résultat : à de rares exceptions près, tout ce que nous mangeons a plus ou moins le même goût. Cela vous semble exagéré ? La preuve se trouve dans le paysage qui nous entoure. Essayez donc d'apprécier les baies du sorbier, les prunelles bien mûres, ou encore une salade de pâquerettes et de pissenlits. L'idée même suffit à déclencher dans ma bouche une sensation de rejet : moi aussi, je suis victime de la civilisation. Ceci posé, le cambium apparaît tout de même comme un cadeau du Ciel, du moins entre mai et juillet. En effet, passé cette période, l'arbre se prépare à nouveau à affronter l'hiver, et tout l'intérieur commence à se dessécher. Il devient plus difficile de détacher du tronc l'écorce, qui ne vient plus que par petits morceaux, sur lesquels le cambium n'est plus visible.

Mais la forêt offre d'autres délices : les larves de scolytes, par exemple. De forme plate, longues de plusieurs centimètres, elles sont de couleur claire, avec une tête brun foncé. Leur aspect particulier s'explique par le fait qu'elles creusent des galeries sous l'écorce des arbres morts pour y dévorer les derniers restes de nourriture. Avec leurs grosses pinces, elles déchiquettent tout sur leur passage, et dévorent en passant le cambium desséché. Or, ces larves sont de petites bombes de protéines : si vous voulez survivre dans la forêt, vous n'avez pas le choix, il faut les manger. Mais attention, pas trop vite… ça mord ! Une astuce : il faut croquer d'abord la tête, avant de déguster le reste. Un petit goût de noisette et de terre : une fois réglé le problème de la tête, la larve du scolyte joue dans la même catégorie que le cambium. Dans la forêt, les gros morceaux de troncs d'arbre que les forestiers ont laissé pourrir sur place sont riches en larves. Il suffit de les faire basculer un peu pour accéder à la partie du tronc en contact avec le sol humide.

On peut alors, avec un couteau de poche, retirer de grandes plaques d'écorce, et on a toutes les chances de voir apparaître une foule d'habitants au teint blafard. Faute de larves, on pourra se rabattre sur les cloportes. Mais sous peine de se couper l'appétit, il faudra chasser de son esprit les souvenirs de vieux paillassons ou de caisses trop longtemps laissées à la cave.

Les cloportes appartiennent à la famille des crustacés : on s'en aperçoit tout de suite au goût, mais seulement à condition de les manger crus. Pour rendre le processus de dégustation moins éprouvant, vous pouvez toutefois faire revenir vos trouvailles à la poêle avec un peu d'huile. Lors de mes stages de survie, je proposais toujours cet expédient pour faciliter la transition entre civilisation et vie sauvage. Le fait est qu'une fois grillés quelques secondes, les insectes ressemblent davantage à des chips. Si on y ajoute un peu de sel, seul l'aspect visuel trahit leur origine. Mais soyons francs : qui se balade dans la forêt avec une poêle à frire et une réserve d'huile de cuisine ?

Voici une remarque que j'ai souvent entendue concernant les insectes et les larves : « Là maintenant, je ne peux pas, mais si je n'avais pas le choix, je n'hésiterais pas à en manger. » Or, d'après mes observations, c'est exactement le contraire. À chacune de mes expéditions, c'est le premier jour que les participants sont les plus ouverts à l'expérimentation. Quand on a l'estomac bien plein en quittant la maison, ou après la pause pique-nique sur la route, toute découverte de larve est l'occasion de mettre son courage à l'épreuve. Mais le deuxième jour, quand l'estomac crie famine et que la fatigue s'accumule, l'humeur des aventuriers se dégrade et l'envie de faire des expériences décline. Encore des larves ? Non merci. La plupart des gens préfèrent attendre, s'allonger sur leur matelas de branchages et essayer de tromper la faim par une petite sieste. Il sera toujours temps de se rattraper à la maison.

Autre grande source de protéines : les monticules de fourmis rousses des bois. Les bestioles qui y grouillent par dizaines de milliers ne demandent qu'à être ramassées. Il suffit de les écraser un peu pour les faire passer de vie à trépas : elles ne risqueront plus de vous piquer la langue. Mais il faut être très prudent en s'installant à proximité d'une fourmilière. En un clin d'œil, les insectes escaladent vos chaussures et remontent le long des jambes de pantalon (y compris à l'intérieur). Inutile de vous faire un dessin : les piqûres à l'entrejambe sont particulièrement douloureuses.

Et la chasse, alors ? Pour commencer, il vous faut un permis de chasser, et il faut que la zone soit autorisée. Par ailleurs, dans la vraie vie, la chasse est une technique de survie qui a bien peu de chances de fonctionner. Il peut falloir des jours et des jours pour que le premier gibier se présente, et entretemps, vous aurez déjà perdu toutes vos forces. En outre, même problème que pour la fricassée de larves : qui irait traîner un fusil dans les bois pour pouvoir chasser en cas de nécessité ? Il vaut bien mieux se rabattre sur de petits animaux. Et si on refuse de tuer et de manger un animal, quel qu'il soit ? Se nourrir exclusivement de cambium est illusoire : ce sera un peu trop léger. Une fois grillés, les glands et autres akènes des arbres sont un vrai délice (mais pas crus !). Seul problème, on ne les trouve qu'en automne, et encore, pas chaque année : seulement tous les trois à cinq ans. Ces grains étant composés pour moitié de matières grasses, elles constituent des apports intéressants. Attention : il faut savoir qu'à l'état brut, les glands sont toxiques. Il faudra donc les éplucher, puis les cuire plusieurs fois en prenant soin de changer l'eau de cuisson afin de les débarrasser de leur acide tannique. On peut alors consommer sans risque ces petites bombes de calories. Une fois séchés et broyés, les glands peuvent même remplacer la farine de blé. Toutefois, comme les chênes ne font des fruits que tous les trois à cinq ans en moyenne, il faudra avoir beaucoup de chance pour en trouver une quantité suffisante.

Autre piste à creuser : les racines de nombreuses plantes sauvages, telles que le pissenlit. On prendra soin de bien laver ces organes de stockage souterrains, mais quoi qu'on fasse, il restera toujours quelques petits grains de sable qui crissent désagréablement sous la dent. Si on les débite en petites tranches avant de les faire griller (sans les laisser brûler !), on peut ensuite utiliser sa tasse pour les écraser dans la poêle, et avec la poudre obtenue, préparer un succédané de café. Couleur brune, saveur à la fois amère et douceâtre : le breuvage rappelle agréablement la douceur du foyer, surtout quand on a déjà passé quelques jours à la dure.

Sans huile ni beurre, les champignons sont en revanche assez décevants, car leur valeur calorique est à peu près nulle. Ou plus exactement, notre organisme ne sait pas les utiliser crus, si bien qu'avant même d'être tout à fait digérés, ils sont directement évacués. Et les baies sauvages ? On rêve volontiers de passer des journées entières à se gaver de mûres bien sucrées et autres baies si savoureuses. Pourtant, les «fruits des bois» sont rares, et je me souviens d'une seule fois, en plein été, où ce scénario a pu se réaliser. Par une chaude journée de juillet, notre petit groupe a débouché sur une clairière envahie par les ronces. Or, les buissons étaient couverts de mûres sauvages, énormes et bien noires. Hourra ! En oubliant tout le reste, la troupe a vite jeté les sacs à dos pour aller se remplir la panse. Mais à peine deux heures plus tard, la plupart des participants avaient à nouveau le ventre vide. Crises de diarrhée, voire vomissements : leur estomac n'avait pas supporté cette overdose d'acides de fruits.

Avant la faim, il y a la soif. Rappelons que l'eau est évidemment la denrée la plus importante à prévoir pour une expédition de trois jours, sous peine de la voir très vite tourner court.

Je sais bien qu'en plein cœur de l'Europe, il est rare de mourir de soif. Mais avoir cela à l'esprit peut s'avérer utile de temps à autre, même pour une simple randonnée en famille. Il y a quelques années, en explorant le fameux Lake District, en Angleterre, nous avons cru pouvoir compter sur l'eau de source : grave erreur. Dans notre petit *bed and breakfast*, on nous avait préparé un superbe pique-nique. À la première pause au bord du chemin, chacun ouvre son petit sac à dos, et là, surprise : il y avait largement de quoi manger, mais pour boire, rien d'autre qu'une minuscule brique de jus de pomme. C'était ma faute. Au petit déjeuner, j'aurais dû vérifier nos réserves d'eau. Mais trop tard, les jus de pommes ont été rapidement vidés, et ensuite, la marche dans ce splendide paysage a vite tourné à la torture, à mesure que la soif se faisait plus dévorante. Non que l'eau ait manqué autour de nous : au contraire, tous les quarts d'heure, nous franchissions un joli ruisseau qui gazouillait gaiement. Mais tout autour de nous, sur les collines, il y avait aussi des milliers de moutons, qui laissaient bien évidemment leurs crottes dans tous les cours d'eau. Dommage ! Seule solution : faire une descente à la première buvette aperçue au fond de la vallée pour nous jeter, enfin, sur des bouteilles d'eau et de limonade.

Avec un peu plus de chance, vous pourrez tout de même tomber sur une vraie source d'eau pure, un torrent ou un petit ruisseau où l'eau est encore potable, au cœur de la forêt. Si l'eau sort de la terre ou des rochers sous les arbres, et non pas au beau milieu d'un pâturage, on peut souvent boire l'eau sans danger. Parfois, les appellations locales peuvent vous aider à repérer une eau douteuse : si un nom évoque la saleté, les déchets ou le mal de ventre… mieux vaut passer son chemin. Fiez-vous à l'expérience de générations de paysans et de forestiers ! Mais a-t-on toujours sous la main le nom des cours d'eau que l'on rencontre en arpentant les forêts ? Sans compter que la qualité des eaux peut varier dans le temps sans que nous en soyons prévenus.

Dans le doute, jetez un coup d'œil au fond de l'eau. Les petites bêtes que vous y verrez sont une bonne indication. Vous pouvez être rassuré si vous y trouvez des larves de plécoptères, ou mouches des pierres. Ces insectes passent le plus clair de leur vie (soit environ un an) au fond d'un ruisseau, avant de grimper sur les rochers pour se mettre au sec. Les quelques jours qu'il leur reste se passent à voler dans les airs. Ils s'accouplent, ils pondent leurs œufs, puis ils meurent. Leurs larves ont beau porter le joli nom de naïades, elles rampent lourdement tout au fond du ruisseau, surtout dans les zones caillouteuses. Un corps tout plat, entre le gris et le marron, trois paires de pattes identiques et surtout deux cerques caractéristiques – ces appendices allongés qui pendent à l'arrière du corps, un peu comme ceux des perce-oreilles. Les naïades restent sagement posées sur leur caillou ; il suffit de sortir la pierre de l'eau pour les observer de plus près.

Autre précieux indicateur de la bonne qualité de l'eau : les larves de salamandres. Elles ressemblent aux larves des tritons, autres petits êtres quadrupèdes munis d'une longue queue, mais de couleur plus terne. Les futures salamandres ont sur la peau des taches légèrement plus foncées, et surtout des marques jaunes à la base des pattes. Or, pour survivre, elles ont besoin d'une eau parfaitement limpide, et c'est la raison pour laquelle elles sont devenues si rares. Près de notre maison forestière, nous voyons régulièrement des salamandres adultes, notamment après une averse nocturne. En effet, c'est le moment où elles partent à la chasse aux escargots et autres petits animaux. Tard le soir, en rentrant d'un dîner chez des amis, il nous faut faire bien attention à ne pas les écraser par inadvertance. Si vous avez aussi, près de chez vous, le privilège de voir ces visiteurs se présenter au même endroit, n'oubliez pas de les prendre en photo. Quant à l'espèce, impossible de se tromper : les salamandres ont une couleur bien particulière, noir et jaune. Mais saviez-vous que les motifs ornant leur dos sont absolument uniques, et permettent d'identifier chaque individu tout au long de sa vie ? Comme les salamandres vivent très longtemps, plusieurs décennies (et jusqu'à cinquante ans en captivité), cela vaut la peine de se faire un petit trombinoscope, pour s'amuser à retrouver chaque année vos vieilles connaissances.

Même en été, il peut faire froid dans la nature, surtout quand la nuit tombe sur la forêt et qu'on s'apprête à dormir dehors. Dans ces moments-là, on apprécie de faire un bon feu, car avoir froid est au moins aussi pénible qu'avoir faim. À force de lire avec quelle facilité s'étendent les incendies en forêt, on pourrait s'attendre à allumer sans problème un simple feu de camp. Erreur, ici encore. En pratique, ce n'est pas si simple, surtout quand le temps est à la pluie. Les gouttes d'eau glacées s'infiltrent partout ; ajoutez-y un petit vent froid qui éteint instantanément la flamme des briquets, et le tableau se complique. Le briquet vous semble une hérésie ? Si vous le souhaitez, vous pouvez expérimenter une méthode plus archaïque. Mieux vous aurez préparé cela en amont, plus l'allumage du feu en forêt sera facile.

Pour commencer, il vous faut une vieille boîte de bonbons en métal (style pastilles pour la toux). Dans le couvercle, vous percerez un trou en vous servant d'un clou. Quant à la boîte elle-même, vous la remplirez de petits morceaux de tissu de coton, par exemple les restes d'un vieux T-shirt.

Salamandre, parc naturel Saja-Besaya, Cantabrie, Espagne.
Pour survivre, les salamandres ont besoin d'une eau parfaitement limpide ;
c'est la raison pour laquelle elles sont devenues si rares.

Lors de votre prochain barbecue, placez la boîte tout près des braises et attendez. D'abord, vous verrez sortir de la boîte un petit panache de fumée blanche, qui finit par disparaître. Ensuite, mettez la boîte fermée à refroidir. À l'intérieur, il y a maintenant des chiffons carbonisés : une bonne chose de faite ! Pour réchauffer votre expédition en forêt, il ne vous manque plus que le duo gagnant : une pierre à feu, telle qu'on en trouve fréquemment sur les plages, et un morceau d'acier, c'est-à-dire de métal contenant du carbone, idéalement en forme d'arc pour mieux épouser la forme de votre poing. Vous pourrez trouver votre bonheur dans une boutique spécialisée, sur Internet, ou encore dans un vide-grenier ou sur un marché aux puces. Il ne vous manque plus que du chanvre (pensez à la filasse qui s'achète au rayon plomberie des magasins de bricolage), et vous serez équipé comme il y a deux millénaires. Pour allumer votre feu, prenez l'acier dans une main, en plaçant la partie arrondie dehors, tout autour de vos doigts, et le morceau de silex dans l'autre. Sur le silex, il faut placer un morceau de chiffon carbonisé, maintenu bien en place avec votre pouce. Avec la pièce en métal, venez percuter une arête de la pierre à feu, dans un mouvement de frottement, afin de faire apparaître des étincelles. Le but est que l'une d'entre elles retombe sur le chiffon noirci, et que les fibres rougissent. Vous placerez alors le morceau de chiffon dans un peu de filasse de chanvre roulée en boule, et vous soufflerez longtemps sur le tout, sans forcer, jusqu'à ce que le feu progresse et finisse par donner des flammes. Il faut vite ajouter des brindilles, puis du petit bois, et votre feu de camp est bien en train. Avec un peu d'entraînement, cette technique archaïque fonctionne très bien, et pas seulement en situation d'urgence. Il est très amusant d'allumer de cette façon son barbecue du dimanche – évidemment, les enfants adorent !

Par temps humide, un problème apparaît rapidement : où trouver du bois bien sec ? S'il a plu récemment, tout le bois mort qui traîne sur le sol est détrempé, et même avec la meilleure volonté du monde, votre petite balle de chanvre ne pourra que donner un peu de fumée avant de s'éteindre lamentablement. Votre salut viendra des arbres sur pied, et surtout des résineux toujours verts, comme l'épicéa ou le pin. Grâce à la structure des branches, qui forment un toit protecteur, les troncs restent généralement secs : vous y trouverez quantité de petites branches plus ou moins desséchées qui n'auront pas séjourné dans les flaques. Elles seront toutes prêtes à flamber même après des journées entières de mauvais temps, et dès que votre feu aura bien démarré, les branches mortes, même humides, ne se feront plus prier pour participer.

Mais avant tout, il faut penser à installer votre feu sur une zone bien dégagée : grattez soigneusement le sol pour enlever toutes les aiguilles, les feuilles mortes et l'humus, et idéalement, entourez le foyer de quelques pierres.

Même sur un sol mouillé, on trouve souvent plus bas, sous la mousse, des éléments secs et inflammables. C'est ainsi qu'un jour d'hiver, sous une pluie battante, j'ai dû prendre mon véhicule pour aller éteindre un feu laissé par un promeneur persuadé de l'avoir éteint en partant. Le jerrycan de 20 litres d'eau que j'avais apporté se révéla vite insuffisant : le cercle formé par les braises mesurait à peine 50 centimètres de diamètre, mais il ne cessait de progresser par-dessous la mousse humide. Celle-ci formait comme une sorte de toiture étanche qui empêchait l'eau que je versais d'atteindre le feu. Ce n'est qu'en raclant totalement le sol de la zone que je suis parvenu à siffler la fin de la partie. D'où ce message important : n'oublions jamais de vérifier que nos petits feux de camp sont parfaitement éteints.

Imaginons que, pour vous, tout se soit déroulé comme prévu : vous avez trouvé de quoi vous sustenter. Comme ce menu de survie fait marcher votre estomac et vos intestins à toute vitesse, il va falloir penser à l'étape suivante. Mais qui a envie d'aller faire sa grosse commission quand il n'y a pas de papier toilette en vue ? Sans compter que ces aliments inhabituels (pardon pour les détails) donnent des selles du genre liquide. Heureusement, une fois encore, la nature vous viendra en aide. Cette fois-ci, le salut viendra de ces beaux tapis de mousse bien moelleux qui poussent de préférence au pied des vieilles souches d'arbre. Il est facile d'en décoller quelques plaques d'un format approprié : leur pouvoir nettoyant sera très comparable à celui des feuilles de papier toilette. Pour peu qu'il y ait eu une petite averse, ou que les lieux soient encore imprégnés de rosée matinale, vous profiterez même d'une rafraîchissante lingette forestière. Mais s'il vous plaît, pensez aux autres promeneurs : avant de repartir, enterrez tout ce que vous pouvez !

Quant au lieu où vous irez faire votre petite affaire, choisissez-le avec soin. Je pense d'abord aux caméras de surveillance installées un peu partout par les chasseurs pour suivre les déplacements du gibier : sachez qu'elles donnent lieu à de bonnes parties de rigolade dans les réunions des sociétés de chasse. Mais je pense aussi aux petits gêneurs qui pourraient venir gâcher votre tranquillité. Les moustiques et autres moucherons piqueurs seront ravis de vous accueillir, surtout au fond d'un vallon bien exposé au soleil. Il vaut mieux choisir une zone ombragée, si possible en haut d'une colline ou d'une pente. L'idéal est encore le grand vent : les insectes volants, qui détestent les grandes rafales, préféreront vous laisser tranquille.

Principalement passée à remplir, puis à vider votre tube digestif, la journée touche vite à sa fin. Vous l'aurez compris, la moindre bouchée que vous vous mettrez sous la dent aura nécessité des heures de recherche. Mais il faut encore se poser une question importante : celle du lieu où vous allez dormir. Si vous avez emporté une hache, vous pourrez abattre un conifère qui vous servira de lit. Pour commencer, vous détacherez du tronc les branches vertes, qui constitueront la base de votre sommier de plein air. Exactement comme des lattes, vous installerez les branchages sur le sol, la partie arquée tournée vers le haut : cette forme bombée donnera plus d'élasticité à la couche. Il faut veiller à garnir également le côté droit et le côté gauche, et à placer la tige centrale de chaque branche, plus épaisse, sur les côtés de votre « lit », pour former un petit rebord. Ainsi, on ne sentira pas de bâton sous son dos, car les branches latérales se chevaucheront harmonieusement au milieu. Plus le tas de branchage sera haut, plus le lit sera confortable. La tâche est un peu fastidieuse, mais votre repos nocturne vaut bien ces quelques précautions.

Il arrive assez souvent que, malgré les explications fournies, des participants peu soigneux expédient la corvée de couchage en entassant les branches pêle-mêle, dans tous les sens. Cette imprudence se paie cher pendant la nuit. S'ils ne sont pas gênants au début, les bouts de bois trop épais ne tardent pas à se planter très désagréablement dans le dos, et on endure alors le calvaire de la princesse au petit pois. En revanche, si tout est bien en place, avec les branches rangées à droite et à gauche, toutes dans le même sens, il se forme une sorte de cuvette où le dormeur se sent bien calé. C'est important, car quoi que l'on fasse, le sol ne sera jamais parfaitement horizontal. Lentement mais sûrement, à force de se retourner, on glisse peu à peu hors du lit pour se réveiller le matin sur le sol nu.

Au contraire, avec cette technique, les petits rebords permettent de rester bien au milieu, ce qui est essentiel pour faire de beaux rêves. Ceci dit, même sur le meilleur lit, il n'est pas toujours évident de s'endormir, notamment à cause des bruits environnants. Le problème n'est pas tant la chouette : solitaire, elle a généralement le bon goût de se taire avant minuit. Le plus gênant, ce sont les coléoptères et autres menus insectes qui se baladent juste au-dessous de vous, dans les branchages, car ils sont loin d'être discrets. Surtout ceux qui sont juste au-dessous de votre tête. Pour parvenir à fermer l'œil, mieux vaut être vraiment fatigué.

Vous l'aurez compris, la survie dans les bois n'est pas toujours une partie de plaisir, tant la nourriture est rare dans nos forêts. Au temps des chasseurs-cueilleurs, rien d'étonnant à ce que nos pays d'Europe n'aient compté que quelques dizaines de milliers d'habitants. Pour les grands mammifères que nous sommes, les sous-bois ne ressemblent en rien aux rayons d'un supermarché bien garni. Pour trouver un peu de nourriture, il faut parcourir de longues distances. C'est pourquoi les chats sauvages ont un territoire de chasse de plusieurs kilomètres carrés, seul format à même de leur procurer suffisamment de souris à manger. Le lynx, qui est plus gros, a besoin d'une centaine de kilomètres carrés. Et que dire de l'homme ? Les Européens du Néolithique disposaient d'au moins dix kilomètres carrés de forêt par personne : le changement est spectaculaire. Aujourd'hui, selon les pays et les régions, on peut citer le chiffre moyen de 0,004 km^2 (4 000 m^2). Sur cette toute petite surface, chacun de nous doit mener sa vie, c'est-à-dire travailler, accéder aux voies de communication, aux transports en commun, aux administrations, services et commerces, aux surfaces agricoles et boisées.

Sur la surface qui nourrissait un seul de nos ancêtres, nous sommes désormais plus de 2 000 à vivre. Pour moi, ce chiffre nous fait comprendre à quel point nous nous sommes déconnectés de la nature. Le temps d'une petite aventure de survie, il peut être bon de mesurer à quel point la civilisation nous a déjà éloignés de nos racines, de nos savoir-faire et de nos goûts, au sens propre du terme.

Quand la forêt
devient cimetière

Même en rêve, jamais je n'aurais imaginé qu'un jour, je m'occupe-rais d'enterrer des gens dans les vieilles forêts de mon district. Et pourtant, depuis que nous avons commencé, plus de quatre mille cérémonies ont déjà eu lieu. Le point de départ a été la demande formulée par les autorités forestières de couper nos vieux arbres pour les remplacer par des sapins de Douglas venus d'Amérique du Nord. Jusque-là, la commune s'y était opposée avec succès, mais mon inquiétude restait vive. Après tout, j'étais encore fonctionnaire, et mon employeur pouvait tout à fait me donner l'ordre de convaincre la mairie du bien-fondé de cette décision. Même si j'avais refusé, rien n'était acquis : et si après moi, un successeur moins regardant laissait les tronçonneuses passer à l'action ? Ces parcelles anciennes fondent comme neige au soleil parce qu'au lieu de les préserver, on continue de les exploiter pour fournir de la matière première à l'industrie du bois. Si l'Allemagne était jadis presque entièrement couverte de forêts de hêtres, ces vieilles hêtraies au moins en partie intactes ne représentent plus qu'un millième de son territoire. Or, la commune de Hümmel, pour laquelle je travaille aujourd'hui, possède encore cent hectares de ces véritables trésors écologiques, soit 15 % de sa superficie forestière. Je n'espère qu'une chose, c'est que cela ne changera pas.

C'est alors qu'autour d'une bière, au retour d'un voyage d'étude en Forêt-Noire, des collègues m'ont parlé des choses étonnantes qui se tramaient dans une forêt proche de Francfort. Depuis quelque temps, on y enterrait des urnes funéraires, et les forestiers étaient obligés de jouer les croque-morts. Cette histoire qui faisait s'esclaffer toute la tablée n'était pas tombée dans l'oreille d'un sourd. Notre salut viendrait-il des morts ? Transformer la forêt en cimetière, monnayer les vieux hêtres pour servir de pierres tombales vivantes ? Dès le lendemain, je me suis présenté dans le bureau du maire, à qui j'ai présenté cette nouvelle idée. Rudi a trouvé l'idée intéressante, et c'est ainsi que, dans les mois qui suivirent, le projet fut lancé. L'idée était de sauvegarder les vieilles hêtraies en l'état : pour ne pas perturber la nature, aucune nouvelle route, aucun nouveau parking ne devait être créé. Une ancienne aire de stockage de bois fut transformée en aire de stationnement pour les voitures des visiteurs, et le revêtement des chemins forestiers existant fut garni d'un peu de gravier pour les rendre accessibles aux fauteuils roulants. Notre forêt du Souvenir était prête. Enfin, pas tout à fait, car il restait encore à mesurer les arbres. Chaque sujet devait être évalué au centimètre près et reporté sur une carte, afin qu'autour de chaque tronc, dix urnes futures puissent être installées. Les vieux chênes et hêtres reçurent chacun une petite plaque en métal avec un numéro, et sur chaque tronc, une autre petite plaque au format carte de crédit permettant d'indiquer les noms des personnes qui seraient inhumées là.

Les premiers visiteurs se montrèrent émus et enthousiastes, bien désireux d'élire leur dernière demeure à cet endroit. Moins enthousiaste fut l'Église catholique, pour qui ce sujet était loin de faire consensus. Rapidement, la presse écrite et la radio ont eu vent de ce conflit, et bien involontairement, nous avons ainsi donné une grande publicité à notre projet. Sur quoi reposait le désaccord des autorités catholiques ? Tout tenait au fait que l'arbre, par ses racines, absorbe les cendres et que celles-ci retournent dans le cycle de la nature. Ce qui rendait impossible la résurrection, disaient les représentants de l'évêché. Mais les enterrements, alors ? Les morts dans leurs cercueils finissent un jour ou l'autre par se décomposer, ce qui revient également à être assimilé par différents organismes, et à retourner dans le cycle de la nature. Finalement, l'Église a modifié sa position, ce qui a permis des obsèques en présence d'un prêtre catholique, officiellement autorisées par la conférence des évêques allemands. Mais ce n'est pas tout: par la suite, certaines paroisses catholiques ont elles-mêmes créé leurs «forêts de Dieu» destinées à l'accueil des défunts, à l'instar des communautés protestantes qui les avaient précédées de quelques années. Je suis heureux que ces dissensions soient enfin derrière nous, car les proches des défunts en subissaient douloureusement les conséquences. Lorsque les familles souhaitaient des funérailles religieuses, il fallait faire appel non pas à un curé, mais à un prédicateur indépendant, à un pasteur protestant… ou à un religieux catholique rebelle. Dans les premières années de notre projet, nous avons pu compter, à Hümmel, sur l'un de ces rebelles pour qui l'essentiel était de ne laisser aucune famille sans secours – jusqu'au jour où il a été remplacé. Mais aujourd'hui, plus personne ne s'oppose aux cimetières forestiers, bien au contraire: ils font désormais pleinement partie de la culture des obsèques dans notre pays, et ces lieux se comptent par centaines dans les pays de culture germanique.

En pratique, comment les choses se passent-elles ? Tout d'abord, dans quasiment tous les sites de ce type, on propose au public des visites gratuites lui permettant de s'informer. Si la forêt vous plaît, si vous envisagez d'y réserver un emplacement, vous pouvez demander une visite individuelle. Le garde forestier vous montre les arbres encore libres, écoute vos demandes particulières et réserve pour vous celui qui vous convient le mieux. Un passage au bureau permet de rédiger les documents contractuels, qui vous sont ensuite envoyés pour signature. Un plan de situation vient compléter le dossier, et vous avez quatre-vingt-dix-neuf ans de paix devant vous. C'est du moins la durée prévue au contrat, et à moins que la médecine fasse un bond inespéré, un tel délai devrait largement suffire pour tout adulte actuellement en vie.

Une fois la concession réservée, le jour J finit par arriver, et les obsèques sont en vue. Première étape indispensable : une crémation, pour laquelle il convient de s'adresser à un service de pompes funèbres. Après avoir commandé un cercueil pour incinération (ce qui est indispensable pour des raisons techniques), on se rend au crématorium. Dans certaines régions, les familles peuvent aller chercher elles-mêmes l'urne contenant les cendres ; dans d'autres, le transport doit être assuré par un entrepreneur de pompes funèbres, ou, plus surprenant et moins cher, par les services postaux. Vous pensez à tous ces paquets qui se perdent ? Pour ma part, je n'ai jamais connu de cas, ni entendu parler de quelqu'un à qui ce soit arrivé. Peut-être grâce à la mention bien visible « Urne funéraire » dûment apposée sur le colis. Si vous avez un jour un colis particulièrement précieux à envoyer, souvenez-vous de cette astuce…

L'urne est arrivée à bon port, la tombe a été creusée puis ornée de rameaux d'épicéa : les obsèques peuvent alors se dérouler selon les souhaits de la famille, ou du défunt lui-même s'il ou elle a formulé ses dernières volontés. Le résultat peut être très différent d'un enterrement dans un cimetière ordinaire. Je me souviens, au fin fond de la forêt enneigée, d'un mari disant adieu à sa femme tout seul, sans personne d'autre. Je me souviens aussi d'une grande réunion de famille autour d'un bon vivant de la ville de Cologne qui avait laissé les consignes suivantes: «Sur ma tombe, au lieu de pleurer, buvez un coup à ma santé!» Obéissants, ses proches avaient apporté en forêt un petit tonneau de bière, afin que tout le monde puisse trinquer. Naturellement, il y a aussi des cérémonies beaucoup plus classiques. Qu'un proche ou un prêtre prenne la parole, qu'on passe de la musique ou qu'on lise des poèmes, l'essentiel est que chacun puisse faire son deuil de la manière qui lui correspond le mieux.

Une fois l'urne mise en terre et l'assistance repartie, on referme la tombe. Quelques minutes plus tard, l'endroit ne se distingue plus du sol forestier, et c'est précisément le but. N'oublions pas que la forêt du Souvenir est une zone protégée, et qu'ici, c'est la nature qui prime sur tout. Il est inutile (et interdit) d'entretenir les tombes, ce qui d'ordinaire demande du temps et de l'argent.

Au début, on me faisait souvent le reproche suivant: «Vous enterrez les gens quelque part dans la forêt, et puis après, personne ne vient les voir!» Mais la réalité est tout autre. Certes, plus personne ne vient les bras chargés d'arrosoirs et de pots de fleurs, mais on se déplace en famille. Comme de leur vivant, le dimanche, Papi et Mamie reçoivent la visite de tout leur petit monde. Emmener les enfants sur les tombes, c'est désormais leur offrir une belle balade en forêt, où ils pourront jouer à loisir – on peut même emmener le chien, et faire une halte dans un petit café des environs pour le goûter. La visite au cimetière n'a plus rien d'oppressant.

Et la forêt, alors? Tous ces enterrements, n'est-ce pas préjudiciable aux arbres? Une question-piège, que je ne cesse de me poser depuis le début de l'aventure. Considérons d'abord les tombes: on en creuse jusqu'à dix autour de chaque arbre, à une profondeur de quatre-vingts centimètres. Ce faisant, on porte évidemment atteinte au sol fragile de la forêt, même si ce n'est que par endroits. Nous nous contentons de détacher et prélever la terre avec une bêche-tarière, en remontant doucement la terre à la surface sans la remuer. Hors de question d'utiliser des machines : on évite à la fois le tassement du sol et le bruit indésirable. Après la mise en terre de l'urne, les strates successives de terre que nous avons retirées sont replacées dans le même ordre. Mais bien entendu, le sol n'est plus tout à fait comme avant, puisqu'il contient désormais une urne funéraire. Les tombes sont creusées à deux mètres de distance du tronc, afin que l'opération n'endommage pas les plus grosses racines. Si les dix tombes étaient placées juste au pied de l'arbre, celui-ci menacerait tout simplement de tomber.

À propos des chutes d'arbres : chaque gestionnaire d'une forêt du Souvenir est responsable des dangers (si tant est qu'ils soient visibles) liés aux arbres. Des branches pourries dans les houppiers ? Au moindre souffle de vent, elles risquent de tomber et de blesser un visiteur. Des troncs abîmés, des attaques de champignons ? Un arbre qui tombe à la renverse pourrait faire de gros dégâts. « Sécuriser les parcours », c'est l'obligation des gestionnaires de ces forêts particulières, l'idée étant de se prémunir à la fois contre les risques et contre les attaques en justice qui pourraient en résulter. On fait donc soigneusement le ménage dans ces lieux. Au moindre doute, un arbre est abattu et, pour que cela ne se voie pas trop, réduit en plaquettes que l'on répandra sur les nombreux chemins forestiers. Car les visiteurs veulent trouver autour d'eux une nature intacte, et non pas les traces d'une coupe récente. Or, il arrive que l'on exploite commercialement le bois : une fois l'arbre abattu, certains gestionnaires l'envoient à la scierie la plus proche, ou le vendent comme bois de chauffage. Et les cendres, qui étaient censées retrouver le grand cycle de la nature ? Après pareil traitement, elles sont transformées en meubles, ou brûlées une deuxième fois.

Il existe des alternatives, mais elles coûtent beaucoup plus cher. À Hümmel, tous les arbres font l'objet d'un contrôle plusieurs fois par an, et dès qu'un danger se fait jour, des élagueurs entrent en action. En prenant garde à ne pas abîmer l'arbre, ils s'encordent et grimpent là où il faut pour couper les branches mortes. Et si c'est tout l'arbre qui est mort, ils se gardent bien de le couper à ras du sol : ils lui ôtent seulement son houppier. Dans la nature, le tronc d'un arbre mort se brise à mi-hauteur, et une bonne partie du tronc reste debout. Les bûcherons imitent ce processus naturel, et laissent même les branches coupées pourrir au pied de l'arbre. Les interventions humaines diffèrent peu de ce que la nature ferait d'elle-même ; le seul hic est que cela coûte beaucoup d'argent. Si pour des raisons financières, on se résout dans les versions les moins exigeantes de ces cimetières à financer « l'entretien » en vendant le bois de la forêt, les versions les plus respectueuses de la nature doivent être rigoureusement encadrées. Mais combien de communes disposent aujourd'hui d'un budget suffisamment confortable pour dépenser sans compter ?

À la question posée un peu plus haut, il faudrait donc répondre que si les arbres souffrent dans un cimetière forestier, c'est surtout lorsque, pour faire des économies, la forêt devient un parc comme les autres.

Oui, mais qu'en est-il des urnes et de ce qu'elles contiennent ? Un sujet difficile à aborder – qui a envie de se demander si les cendres de celles et ceux qu'il aime sont nocives pour la forêt ? Sur le marché (oui, il existe bien un marché de l'urne funéraire), on trouve différents modèles en matériaux biodégradables. Bois, amidon de maïs ou autres substances organiques : le résultat ressemble à un matériau de synthèse, mais se dégrade rapidement une fois dans le sol, précisent les fabricants. C'est du moins ce que je croyais, jusqu'à ce que, quatre ans après l'ouverture de notre cimetière forestier, un

Forêt du Souvenir, Hümmel, Allemagne.
Jamais je n'aurais imaginé qu'un jour je m'occuperais d'enterrer
mes semblables dans les vieilles forêts de mon district. Et pourtant,
à ce jour, plus de quatre mille cérémonies ont déjà eu lieu.

ordre d'exhumation arrive sur notre bureau. Exhumer une urne? La mission s'annonçait périlleuse, avec une urne biodégradable. Quoi qu'il en soit, la famille tenait absolument à transférer les cendres du défunt ailleurs, la demande avait été agréée par les autorités, et il fallait bien procéder à l'exhumation. Une fois le sol creusé, quelle ne fut pas notre surprise d'en extraire une urne quasiment intacte! Seule la peinture brillante qui la recouvrait présentait des cloques. Bonne nouvelle pour la famille qui voulait transférer son urne, mauvaise nouvelle pour la forêt, dont nous voulions épargner les sols. C'est depuis ce temps-là que, sous nos vieux arbres, on ne peut plus enterrer que des contenants en hêtre non traité, scellés à la glu naturelle. Cette matière se dissout naturellement sous l'effet de l'humidité, si bien qu'au bout d'un certain temps, l'urne s'ouvre, laissant les cendres rejoindre le grand cycle de la nature. Le bois, quant à lui, a besoin de davantage de temps, quelques années ou dizaines d'années; il se comporte comme des racines mortes, sans nuire aucunement à la forêt.

Et les cendres? Beaucoup de gens croient que, dans une urne funéraire, la plus grande partie des cendres provient du cercueil. Et pourtant, c'est exactement l'inverse: la quasi-totalité provient du corps humain (et particulièrement des os), alors qu'il reste très peu de chose du cercueil. Ce qui est somme toute rassurant. Mais dans le cas d'une personne malade, n'y a-t-il pas de risque toxique? Finalement, entre les médicaments consommés et les résidus qui peuvent s'être accumulés dans nos tissus tout au long de notre vie, nos cendres ne contiennent-elles pas une trop grande concentration en produits toxiques? Selon les responsables des crématoriums, nulle crainte à avoir de ce côté. Les métaux lourds pouvant être dangereux, comme le mercure (merci les «plombs» colmatant nos anciennes caries), sont filtrés dans la cheminée, et les cendres ne contiendraient presque que de la chaux, issue des os. Toutefois, ces affirmations trouvent aussi des démentis. Depuis des années déjà, on entend parler du chrome 6, ce composé toxique qui empoisonne les nappes phréatiques. Or, en cherchant à en savoir plus, des responsables de cimetières forestiers ont découvert dans cette affaire d'importants conflits d'intérêts. N'oublions pas que ces obsèques d'un genre nouveau privent bon nombre de personnes de leur travail : jardiniers et marbriers perdent des contrats, et les fabricants de cercueils ne sont pas à la fête non plus. Il peut donc être tentant de mettre en péril ces nouveaux lieux de dernier repos. Et pourtant, un léger doute subsiste. Même lorsqu'on ne brûle que du bois, ce composé toxique de métaux lourds apparaît ; mais selon nos connaissances actuelles, il se décomposerait relativement vite à l'air libre, laissant la place à des variantes plus inoffensives. Pour ma part, je garde un œil sur les recherches portant sur tout ce qui concerne les funérailles.

L'ornement et l'entretien des tombes sont interdits dans notre commune. Lors de la mise en terre de l'urne, seuls sont autorisés les objets issus de la nature, comme des galets ou des coquillages – souvent rapportés de vacances communes. En effet, je tiens à la préservation des vieux arbres, qui ne doivent pas passer au second plan parmi toutes les questions que soulèvent ces nouveaux enterrements.

Autour de la tombe, on peut aussi apporter des fleurs, allumer des bougies ou passer de la musique – comme dans tous les enterrements. Cependant, quand les proches du défunt sont partis, un employé recueille les fleurs et les place sur un petit monument prévu à cet effet, à l'entrée de la forêt.

L'histoire des rites funéraires, au demeurant, est davantage liée à la forêt qu'on ne pourrait le croire. Enterrer ses morts dans un cercueil : c'est avec le christianisme que cette nouvelle pratique se diffuse sous nos latitudes. Auparavant, les Germains, et plus tard les Romains, avaient coutume de brûler leurs morts. Ces derniers utilisaient déjà des urnes pour recueillir les cendres. Mais le christianisme plonge ses racines au Proche-Orient, où le bois est une denrée rare. Une crémation demande plusieurs stères de bois, un luxe que l'on ne pouvait se permettre au regard des rares arbres disponibles. Dans ces conditions, construire un cercueil, qui utilise bien moins de la précieuse ressource, revenait beaucoup moins cher. Avec la religion nouvelle sont également arrivés de nouveaux rites funéraires, pas forcément adaptés aux conditions de vie locales. En ce sens, les cimetières forestiers actuels et leurs incinérations ne sont qu'un retour à la pratique autrefois tout à fait courante de l'enterrement en forêt, et je trouve l'idée assez belle.

Qu'est-ce qu'une forêt du Souvenir apporte aux êtres humains ? Aujourd'hui, c'est cette question qui est devenue la plus importante à mes yeux. La première chose que la forêt leur apporte est sans doute la paix. Plusieurs fois, les visiteurs m'ont confié qu'après avoir laissé leur voiture au parking et traversé une forêt d'épicéas, en arrivant dans notre parcelle de vieux hêtres, ils s'étaient tout à coup sentis chez eux. À quoi cette impression tient-elle ? Je l'ignore, et eux-mêmes ne savaient pas vraiment l'expliquer. Peut-être est-ce l'effet de cette forêt intacte, en équilibre parfait à la fois avec elle-même et avec l'environnement. Il est possible que nous ayons conservé, presque effacée, une intuition nous permettant de sentir si nous nous trouvons dans un écosystème sain ou perturbé (comme les plantations de résineux). Dans la nuit des temps, peut-être était-ce un élément important, dans la mesure où les forêts intactes offraient un abri plus sûr en cas d'intempéries et constituaient de meilleurs garde-mangers.

Le choix d'un arbre est souvent un moment plein de gaieté, du moins quand il s'agit d'un contrat de prévoyance. On parle souvent de s'allonger à l'endroit choisi «pour l'essayer», ou des joyeuses parties de cartes que l'on voudrait y faire pour l'éternité. Les femmes recherchent souvent un petit coin au soleil, elles qui au cours de leur vie ont eu si souvent froid aux pieds. Parmi les hommes, ceux qui aimaient aller à la pêche apprécient la proximité de notre petit ruisseau.

Souvent, choisir un arbre est une libération. Un jour, j'ai accompagné sur les lieux un couple très âgé – tous deux approchaient des quatre-vingt-dix ans. La maladie ne leur laissait plus que quelques semaines devant eux. Impossible de se déplacer à pied : je les ai transportés dans mon véhicule tout-terrain, et, en roulant au pas, nous regardions les arbres majestueux qui bordaient la route forestière. Soudain, nous nous sommes arrêtés, car un arbre leur avait tapé dans l'œil. C'est là qu'ils ont acheté leurs deux concessions, et lorsque nous sommes retournés au parking, tous les deux se sont écriés : «Ça fait longtemps que nous n'avions pas passé une si belle journée!»

Même lors des funérailles, la façon de vivre son deuil est souvent inhabituelle. Ainsi, j'ai rencontré une femme assise au pied de l'arbre où elle avait enseveli son mari. Dans les rayons clairs du soleil printanier, elle écrivait des poèmes, un sourire aux lèvres. Sur une hauteur, deux ou trois fois par an, je vois un homme en tenue de motard. Il s'assied en silence près de la tombe de son copain mort dans un accident, il descend une bouteille de bière à sa santé, puis disparaît.

Et puis il y a eu le glaçon. Certes, en forêt, il n'est pas rare de voir un peu de glace ; mais en plein mois de juillet, je n'arrivais pas à m'expliquer comment ce glaçon que je venais de découvrir avait pu arriver là. Le mystère est resté entier pendant des mois, me poussant à faire diverses suppositions : une nuit particulièrement froide où il aurait pu geler (oui, cela a pu arriver de façon exceptionnelle, dans le massif de l'Eifel). À moins que quelqu'un ait renversé sa glacière à pique-nique sous les arbres ? La vérité était toute simple, et bien plus émouvante. C'était un vieil homme très seul qui avait enterré sa femme dans notre forêt du Souvenir. Il est interdit de déposer des ornements sur les tombes, et le veuf respectait cette règle. Mais son imagination lui avait fourni un moyen de la contourner. À la maison, il préparait des cœurs de glace en remplissant d'eau de petits moules à gâteaux qu'il mettait ensuite au congélateur. En venant sur la tombe de sa femme, il apportait les cœurs de glace et les laissait fondre au soleil de l'été.

Pour moi, ces expériences vécues sont consolantes. Je dois avouer qu'au début, je me demandais si je pourrais supporter, sur la durée, toute la douleur qui s'exprime autour d'un enterrement. Après tout, il est plutôt rare qu'un forestier de trente-huit ans (c'était mon âge d'alors) soit confronté chaque jour à la mort. Aujourd'hui, je sais que l'atmosphère de notre cimetière forestier aide les gens à faire leur deuil, et cela me donne la bienfaisante impression de faire quelque chose d'utile.

Mais est-ce qu'on a le droit ?

Au fait, à qui appartient la forêt ? Quand je pose cette question à des élèves de l'école primaire, ils me répondent souvent : « Elle est à toi ! » Ce qui est faux, évidemment. Mais plus largement, il me semble que la plupart des gens ne se rendent pas vraiment compte que les forêts publiques, au moins, appartiennent à tout le monde. Et donc aussi à vous, du moins pour partie. En Allemagne, 56 % des forêts sont détenues par l'État fédéral, le Land ou les collectivités locales, ce qui représente environ 800 mètres carrés par habitant (contre 3 800 mètres carrés en Autriche et 1 150 en Suisse)*. D'après les données du ministère allemand de l'Alimentation et de l'Agriculture, cette surface contient plus d'un millier d'arbres (ou d'arbrisseaux, plus

---

* Selon l'inventaire forestier 2017 de l'IGN, la forêt française métropolitaine (environ 17 millions d'hectares) appartient à 75 % à des propriétaires privés. Si, en théorie, l'accès à ces parcelles privées est juridiquement interdit, ces 3,5 millions de propriétaires forestiers font généralement preuve d'une certaine tolérance envers les promeneurs respectueux des lieux (promenade sur les sentiers balisés, cueillette pour la consommation personnelle, discrétion…). La forêt publique, appartenant aux collectivités locales ou à l'État, est gérée par l'Office national des forêts.

précisément, car plus de 99 % des sujets sont encore tout jeunes). Chaque grand arbre occupe à lui seul une surface de 400 mètres carrés. Quoi qu'il en soit, dans bien des pays, la surface de forêt disponible par habitant est loin d'être négligeable. Pour que chacun n'agisse pas seul dans son coin et que la gestion de la forêt (exploitation ou protection) soit menée de façon concertée, ici encore, c'est la démocratie qui prévaut. Les lois votées par le Parlement constituent un cadre que les organismes de gestion forestière, nationaux ou communaux, se chargent de traduire en une politique locale. Tout cela est financé par vos impôts, et les services publics agissent donc pour vous.

Pourquoi énoncer de telles évidences ? Parce que les personnes chargées de ce service ne remplissent pas toujours leur rôle correctement. Un exemple : en Allemagne, les différentes forces politiques sont arrivées à un consensus sur le fait que 5 % des surfaces boisées devaient être placées sous protection. Dans ces zones, il ne doit plus y avoir aucune récolte de bois, et la nature peut reprendre la main. Comme environ la moitié de la superficie des forêts relève de la propriété privée, on s'est mis d'accord pour installer les zones protégées principalement dans les zones en gestion publique. Ce qui voudrait dire que 10 % des forêts publiques devraient être retirées du circuit commercial. Si vous pensez qu'un objectif aussi modeste est facile à atteindre, sachez qu'on en est encore loin : même pas 2 %, et le changement ne semble pas pour bientôt. La faute en est entre autres aux services forestiers, qui reprennent sans cesse l'antienne de la « protection par l'exploitation ». Chaque kilomètre carré non soumis à l'obligation de récolte augmenterait la pression sur les forêts tropicales, puisqu'on serait bien obligé d'importer de là-bas le bois que l'on ne produit pas chez nous, ce qui entraînerait inévitablement des destructions de forêts.

Outre le fait que nous pourrions aussi avoir besoin de moins de bois, tout simplement, je trouve cet argument désagréablement teinté de colonialisme. Le moment n'est-il pas venu que les citoyennes et citoyens se mêlent bien davantage de la façon dont on traite leur forêt ? Sur le travail du forestier qui œuvre près de chez vous, vous avez un droit de regard. Jusqu'où ? L'initiative citoyenne « Waldfreunde Königsdorf » (http://waldfreunde-koenigsdorf.de) en donne une idée. Elle se charge de gérer une zone protégée, qui a été créée pour préserver une forêt ancienne de feuillus. Or, malgré ce statut privilégié, on continuait à y abattre de vieux arbres et à tasser le sol avec des machines extrêmement lourdes, si bien que la forêt se distinguait assez peu d'une forêt exploitée. Quelques habitants des environs ont refusé de se résigner à cette situation, et commencé à mettre leur nez dans la gestion des lieux. Quelques années plus tard, après bien des discussions avec les politiques et la presse, l'initiative des citoyens a pris de l'ampleur, jusqu'à peser fortement dans le destin de cette zone protégée. D'autres processus similaires sont décrits dans d'autres régions, qui montrent que même un petit groupe peut avoir beaucoup d'effet, du moment qu'il fait connaître publiquement son action.

Posons la question à l'envers : qu'a-t-on le droit de faire en forêt, outre les choses dont nous avons déjà parlé ? Il est autorisé de traverser les forêts, de sortir des sentiers battus au sens propre du terme, de ramasser des champignons et des baies sauvages. Et s'il vous prenait l'envie de camper dans les bois ? En Scandinavie règne un système dont nous avons déjà parlé, le « droit de chacun », qui permet le bivouac sous tente même sur le terrain d'autrui, du moment que ce n'est pas aux abords immédiats d'une habitation. Dans les autres pays, la loi est différente, et en Allemagne, la densité bien plus grande de population limite les lieux de refuge, y compris pour les animaux sauvages. Peut-on planter sa tente n'importe où ? La réponse est non – et en tout cas pas chez l'un des deux millions de propriétaires forestiers allemands et leurs familles. Si vous faites halte sur votre propre terrain, cela est considéré comme de la sylviculture. Et qui travaille dehors par tous les temps a le droit d'allumer un bon feu pour se réchauffer. Quel que soit le niveau des mesures anti-incendie, à tout moment, vous pouvez faire un barbecue dans votre parcelle de forêt. Quant à y passer la nuit, la législation varie localement, et le terrain ne doit pas être placé dans une certaine catégorie de protection (comme une réserve d'oiseaux). Et si les lieux ne vous appartiennent pas, il vous faut en prime obtenir l'accord du propriétaire.

En revanche, rien n'est autorisé à des fins commerciales : ni cueillette, ni camping, ni même l'utilisation des voies de communication. Ce que je trouve tout à fait justifié. Que, dans un pays aussi densément peuplé, les propriétaires soient contraints de tolérer beaucoup de choses, que la propriété s'accompagne d'obligations envers la société et que tout le monde puisse profiter de la nature, cela fait partie pour moi de l'équité dans un État moderne. Mais qui cherche à gagner de l'argent sur les terres d'autrui doit demander la permission, et éventuellement payer pour ce droit. Cela concerne non seulement les événements sportifs comme les stages de survie, mais aussi, par exemple, les essais de nouveaux véhicules tout-terrain, les balades en calèche ou encore les courses sportives ouvertes au public.

Que ce soit pour des activités de loisir individuelles ou en groupe, une question revient de plus en plus souvent : qui est responsable en cas d'accident ? Car les forêts peuvent être dangereuses, et la plupart du temps, ce ne sont pas les animaux sauvages qui font la une des journaux, mais les arbres. Pas de panique, il n'existe pas d'arbre dangereux en soi, mais dès qu'un géant de la forêt perd une branche morte, elle peut vous tomber sur la tête. D'une hauteur de quarante mètres, avec le poids d'un pack d'eau minérale, la chute peut causer un accident mortel. Comme d'ailleurs la présence de bois mort sur une piste cyclable, qui crée des surprises pour le moins déplaisantes. Rien d'étonnant à ce qu'il y ait sans cesse des plaintes, toujours très désagréables pour un propriétaire foncier ou pour un forestier. En effet, en cas d'accident ou de décès d'un promeneur, il ne s'agit plus de faire jouer son assurance, mais de répondre d'un délit.

Le droit dit en effet que le propriétaire d'une forêt est responsable des risques que représente son bien pour la collectivité. Comme la loi n'est pas plus explicite, les propriétaires fonciers se fient à la jurisprudence sur le sujet. Problème : la façon d'interpréter les textes évolue d'année en année, si bien qu'on ne peut jamais être certain de la juste manière de procéder. Suffit-il d'un contrôle visuel attentif de tous les arbres situés en bordure d'une route ? Et dans le cas où ils devraient être traités, quelle qualification devra avoir l'intervenant ? Quoi qu'il en soit, on se préoccupe grandement de la sécurité. Celle de la population ? On a parfois l'impression qu'il importe encore davantage de protéger celle des propriétaires. Comme personne ne veut prendre de risques, en cas de doute, on coupe massivement. Souvent, on déboise des deux côtés de la route. Comme ça au moins, on est sûr qu'aucun arbre pourri que l'on aurait oublié ne va se jeter sur une voiture qui passe. D'après les données du bureau fédéral de la statistique, la longueur totale du réseau routier de l'Allemagne en zone forestière est de 23 000 kilomètres[26]. Il faut y ajouter 600 000 kilomètres de petites routes, plus de 33 000 kilomètres de rails et des dizaines de milliers d'agglomérations à la sortie desquelles on trouve des forêts. Si on se montrait partout aussi radical, il ne nous resterait pratiquement plus de forêts.

En réalité, quelle est l'ampleur de ce risque ? Je n'ai pas trouvé de statistiques annuelles, mais dans les journaux spécialisés est recensé tout cas ayant donné lieu à une action judiciaire où la responsabilité du propriétaire du terrain est engagée. Il ne s'agit que de quelques cas isolés sur une décennie entière, imputables à des arbres malades ayant tendance à pourrir. Un bien plus grand nombre de morts et de blessés est dû aux tempêtes lors desquelles ce sont souvent des forêts entières qui s'écrasent au sol, et parfois sur les routes ou sur les véhicules. Il me paraît disproportionné de détruire de longues bandes de forêts pour cela, sur des milliers de kilomètres, et de sacrifier tout arbre placé non loin d'une route et dont le tronc pourrait offrir un abri aux oiseaux. Mais parfois, ces mesures draconiennes permettent de faire d'une pierre deux coups : aucun arbre ne peut plus tomber sur les chemins, et une énorme quantité de bois tombe au sol… prête à alimenter au plus tôt l'usine de biomasse voisine.

Dans la forêt la nuit

Où vous sentez-vous le mieux ? En plein jour dans le centre piétonnier d'une grande ville, ou en pleine nuit, tout seul dans une forêt sombre ? Vous avez compris où je veux en venir : il ne reste plus qu'à essayer par vous-même. Nos sens, nos instincts se mettent en mode « alarme » lorsque nous sommes dans la nature et n'entendons plus rien que quelques bruits étranges, qui n'évoquent rien de connu. Là-bas, dans la pénombre, n'est-ce pas une silhouette tapie ? Une branche du sous-bois n'a-t-elle pas craqué sous le pas d'un gros animal ? Même moi, de temps en temps, je ressens un vague malaise, alors que je sais pertinemment qu'il ne peut rien se passer de grave. Sans doute le patrimoine génétique hérité de nos ancêtres nous joue-t-il là un mauvais tour. Si autrefois des bandes de brigands la parcouraient, si plus anciennement encore des tigres à dents de sabre espéraient y attraper des proies faciles, la forêt est aujourd'hui, statistiquement parlant, l'endroit le plus sûr qui soit. Quel voleur attendrait caché derrière un arbre pour mieux attaquer un promeneur ? Il finirait par moisir sur pattes en attendant vainement un passant contrairement à ce qui se passerait en pleine ville.

Oui, vraiment, une forêt la nuit est une expérience particulièrement

Chauve-souris et lune gibbeuse, Espagne.
Chez les animaux, on observe un regain d'activité la nuit venue.
Authentiques spécialistes de l'obscurité, les chauves-souris partent
à la chasse aux papillons grâce à leur système de radar.

tranquille et belle. À mesure que l'obscurité s'épaissit, les bruits de la civilisation s'éloignent. Le flot des voitures se tarit, plus personne ne tond sa pelouse, les engins de chantier se taisent, et seul le trafic aérien se rappelle à notre souvenir, avec quelques vols sporadiques. Pourquoi est-ce si important pour votre balade en forêt ? Parce que quand le silence se fait, c'est alors qu'on remarque la portée de chaque bruit. Pour vivre vraiment une expérience de nature, il faut des bruits naturels. Ce qui est extrêmement ardu : j'en ai fait l'expérience moi-même chaque fois que je suis allé en forêt accompagné par une équipe de tournage. Pour les besoins du montage, les preneurs de son aiment enregistrer quelques minutes de chants d'oiseaux et de vent dans les feuilles (une « ambiance ») qui formeront la bande-son des passages sans dialogues. Or, ces séquences sont difficiles à obtenir tant les nuisances sonores sont fréquentes, le plus souvent une voiture, un camion ou un avion qui passe.

Si vous souhaitez découvrir en toute quiétude la face nocturne de la forêt, vous avez deux possibilités. La première est de choisir la montagne, et de vous arrêter dans une vallée. Comme les montagnes arrêtent les bruits, les vallées peu fréquentées sont particulièrement tranquilles. Mais il y aura toujours quelques avions qui passent. La deuxième possibilité (bien plus simple à mettre en œuvre) est de choisir une nuit venteuse. Quand une petite brise murmure à travers les feuilles, quand les branches se frottent les unes aux autres et que les troncs gémissent en se courbant, les autres sources acoustiques s'en trouvent effacées. Et ce n'est pas tout. Car vous avez aussi autour de vous la plus parfaite symphonie qu'une forêt nocturne puisse jouer. N'entendez-vous pas là ce que des milliers de générations ont entendu avant nous, ce qui fut le fond sonore de ces innombrables feux de camp autour desquels les hommes de l'âge de pierre se sont assis ? Quant à moi, chaque fois que j'entends le vent dans la forêt, je me sens libre : il me semble que la course du temps s'est arrêtée.

Pour en profiter au maximum, je vous conseille de bien rester sur les chemins. Sans quoi le passage entre les arbres pourrait s'avérer périlleux, surtout pour vos yeux. Dans les forêts de résineux, surtout, on trouve à hauteur d'homme bon nombre de branches cassées aussi grosses que le doigt, et le risque d'accident est grand. Pourtant, il vaut mieux résister au réflexe de dégainer sa lampe de poche. Appuyez sur le bouton, et vous voilà aussitôt renvoyé en plein cœur de la civilisation, ce qui, paradoxalement, ne fera qu'exacerber vos peurs ancestrales. En effet, tout ce qui se passe en dehors du cercle lumineux deviendra plus ou moins invisible. Qui plus est, vous réduirez à néant les efforts d'adaptation de vos yeux, qui s'accoutument fort bien à la vision nocturne, mais de façon très, très lente. En journée, ce sont les petits cônes placés sur vos rétines qui traitent les signaux lumineux. Vous êtes donc sensible à la lumière, et votre environnement, avec sa forte luminosité, vous en fournit bien assez. Mais la nuit, au contraire, ce sont les bâtonnets qui prennent le relais. Or, ces petits frères des cônes photosensibles ne peuvent traiter que le noir et le blanc. D'où le dicton « La nuit, tous les chats sont gris » : notre œil est véritablement incapable de traiter la couleur dans un environnement sombre. Et comme, sous les arbres, il fait nettement plus sombre que sur une surface ouverte, c'est l'occasion ou jamais de préserver vos yeux. Dans le cas où vous auriez besoin d'un éclairage artificiel, il vaut mieux miser sur la couleur rouge. Cette teinte ne modifie presque pas l'adaptation de l'œil à l'obscurité, et c'est la raison pour laquelle les astronomes, par exemple, utilisent des lampes rouges pour leurs observations au télescope ; on en trouve à petits prix dans les quincailleries et magasins de bricolage.

Autre possibilité pour en voir un peu plus : choisir le bon moment.

Si vous voulez collectionner les instants romantiques, choisissez un clair de lune sans nuages à la pleine lune, bien sûr ! Il fera si clair que vous pourrez même lire le journal.

Nous nous sommes concentrés jusqu'ici sur le sens de la vue, qui ne fournit pas grande information quand il fait nuit. Nos oreilles nous en apprennent alors bien davantage. Les grands mammifères se trahissent par les branches cassées dans les sous-bois, à condition qu'il fasse bien sec. Dès qu'une averse transperce le bois mort, celui-ci devient mou, flexible et presque silencieux. Heureusement, les animaux produisent eux aussi des sons. Si vous entendez un aboiement étouffé, par exemple, rappelez-vous qu'il n'y a pas de chiens en forêt : il s'agit sûrement d'un chevreuil. Son cri grave et comme enroué porte le nom d'aboiement : les animaux des deux sexes y ont recours pour mettre en garde leurs congénères face à un danger ; revers de la médaille, ils risquent de signaler ainsi leur présence à un éventuel prédateur. C'est pourquoi ils n'aboient que lorsque la menace est distante de plusieurs centaines de mètres. Ainsi, chaque chevreuil a le temps de battre en retraite discrètement. Si vous surprenez un chevreuil à une faible distance, il bondit aussitôt et file en silence le plus loin possible. Ce qui arrive assez souvent : endormis au bord des chemins, les chevreuils n'entendent pas toujours le cycliste ou le promeneur qui approche. Lors d'une rencontre de près, la surprise est grande de part et d'autre : émotion forte garantie !

Et qu'en est-il de notre odorat, à nous autres humains ? Certes, c'est loin d'être le plus développé de nos sens, mais quand on ne voit rien ou presque, toutes les perceptions comptent. De plus, les odeurs nous paraissent plus fortes dès lors que notre attention n'est plus détournée par des images. Laissez-vous d'abord gagner par l'atmosphère si particulière des sous-bois. Le sol est si intensément colonisé par les champignons que le moindre millimètre carré est parcouru par le réseau de leurs filaments. Surtout lorsqu'il fait un peu humide, c'est une odeur vraiment délicieuse. Et la puissance aromatique des résineux ? Ce cocktail légèrement sucré de résine et d'orange confite vous rappellera vos dernières vacances sur les bords de la Méditerranée, dans le parfum enchanteur des pinèdes. Cette odeur issue de multiples composants renferme aussi des messages. Dans nos pays d'Europe, bien des arbres à aiguilles sont en souffrance en raison de la chaleur et de la sécheresse excessives. Ils ne tardent pas à être victimes des attaques de coléoptères, qui profitent de leur état de faiblesse. Pour prévenir leurs congénères, les arbres diffusent des appels au secours sous la forme d'huiles essentielles – d'où ce délicieux parfum de vacances. Cette production a également pour effet de purifier l'air de la forêt, grâce à certaines substances antiseptiques capables de tenir à distance champignons et bactéries indésirables.

Dans votre promenade nocturne, ne vous laissez pas intimider par les panneaux d'interdiction ou la crainte d'effrayer les animaux sauvages. Généralement, ils ont été installés par des chasseurs qui apprécient en effet la tranquillité pour eux-mêmes, mais préfèrent mettre en avant le bien-être animal, la cause étant plus facile à défendre. Le droit de passage en forêt vaut aussi bien la nuit que le jour, y compris dans les parcelles privées.

Que se passe-t-il vraiment dans la forêt, la nuit ? Est-ce que, soudain, tout s'éveille à la vie ? Pas tout à fait, en tout cas du côté des arbres. Plongés dans un sommeil profond et vraiment réparateur, ils se remettent, tout comme nous, des fatigues de la journée. La photosynthèse se met en pause, l'activité se ralentit dans les troncs comme dans les houppiers. Ce qui a des conséquences sur la teneur en oxygène de l'air : on se souvient que les arbres brûlent aussi des sucres et autres glucides. Trop souvent, en effet, on les réduit à tort à deux fonctions : la production de bois, bien entendu, et la production d'oxygène. Ils respirent par des centaines de milliers de petites bouches, les stomates, situés sur le dessous des feuilles et des aiguilles. Pendant la journée, le phénomène majeur est la libération d'oxygène au cours de la décomposition de l'eau et du dioxyde de carbone et de leur transformation en sucre, avec l'aide de la lumière du soleil. La nuit venue, tout comme nous, ces géants consomment les réserves accumulées sous leur peau, ou plutôt sous leur écorce, et libèrent ce faisant une grande quantité de CO_2. L'air pur de la forêt l'est donc un peu moins en mode nocturne, mais naturellement pas au point de devenir nocif.

Il y a une nouvelle découverte scientifique que je trouve particulièrement touchante : dès qu'il fait sombre, les arbres tombent dans un profond sommeil. Une équipe composée de chercheurs autrichiens et finlandais a scanné au laser les houppiers d'un certain nombre de bouleaux pour aboutir à ce constat : dès le crépuscule, les arbres laissent pencher vers le bas leurs feuilles et leurs branches, et au cours de la nuit, celles-ci s'affaissent de plus en plus nettement. Par rapport à leur position durant la journée, la différence peut aller jusqu'à dix centimètres. Le matin venu, les arbres sont-ils réveillés par le soleil levant ou par une sorte d'horloge interne ? Ce n'est pas encore formellement établi[27]. Un autre processus qui vous avait peut-être échappé : la nuit, les arbres grossissent. Au moins un petit peu, comme le montrent les mesures de diamètre réalisées par les chercheurs. La raison en est que l'eau absorbée par les racines s'accumule dans le tronc sans être évacuée par les feuilles, puisque celles-ci sont en sommeil[28]. Dès que la production reprend, avec les premiers rayons du soleil, finie la rétention d'eau !

Chez les animaux, on observe un regain d'activité la nuit venue, surtout due au fait que les espèces chassées, les cervidés notamment, se savent désormais à l'abri des prédateurs humains. D'autres espèces, comme les chauves-souris, sont d'authentiques spécialistes de l'obscurité, et partent à la chasse aux papillons de nuit grâce à leur système de radar. D'ailleurs, si lesdits papillons ont un aspect si duveteux, c'est à cause de leur principal prédateur. En effet, la surface inégale de leur corps a pour effet de briser l'écho et donc de rendre plus difficile leur repérage par les petits mammifères volants. De surcroît, les papillons de nuit ont développé une ouïe particulièrement réceptive aux ultrasons, ce qui leur permet de se rendre compte que les chauves-souris sont en chasse[29].

Un autre vol nocturne exerce une fascination toujours renouvelée : celui de la chouette. Elle cherche des petits rongeurs, mais aussi d'autres oiseaux endormis. Le bord de ses plumes présente une sorte de frange particulièrement souple qui lui permet de battre des ailes dans un silence absolu. Les chouettes apparaissent et disparaissent sans bruit comme des fantômes nocturnes, et leurs proies restent inconscientes du danger jusqu'au moment où il est déjà trop tard.

Peut-être croyez-vous qu'en pleine nuit, aucun autre humain n'est au courant de ce que vous faites ? Je dois hélas vous décevoir. Quand vous vous cachez derrière un buisson, par exemple en cas de besoin pressant, peut-être êtes-vous observé, et ce de façon entièrement automatisée. Il s'agit de petites caméras difficilement repérables, fixées aux arbres, destinées à prendre automatiquement des photos et des vidéos dès que leur capteur de mouvement a détecté quelque chose. Loin de moi l'idée d'accuser quiconque de collectionner les images de promeneurs occupés à uriner, car ce voyeurisme vise avant tout l'activité des animaux sauvages, chevreuils, cerfs et sangliers. Comme les images sont horodatées, les chasseuses et chasseurs peuvent en déduire à quelle heure il est utile d'aller grimper sur leurs miradors. Ce qui leur permet d'éviter de longues nuits d'attente infructueuse dans le froid ; les animaux reviennent souvent tous les jours à la même heure, et comme ils sont très ponctuels, il est facile de les abattre dès qu'ils pointent le bout de leur museau.

Ces temps-ci, ces caméras pour gibier ont tendance à se multiplier aussi vite que des lapins. On en trouve à des prix défiant toute concurrence sur Internet, et par arrivages réguliers dans les supermarchés discount. À ce prix-là, pourquoi hésiter? Pour moins de 100 euros pièce, un chasseur a vite fait de contrôler de vastes zones de forêt, pour peu que les appareils soient installés à des points de passage obligé. Par «passage obligé», j'entends tous les lieux où un obstacle (buisson impénétrable, forte pente, marécage…) contraint les bêtes à rester sur un petit sentier, sans pouvoir prendre la tangente ni à droite ni à gauche. S'il reste de l'argent après l'achat des caméras, on peut y ajouter des blocs de sel à lécher, des graines pour faire pousser de l'herbe, ou d'autres types d'aliments. Passage obligé? Pour vous aussi, ce sont des points donnant accès au reste de la forêt, car les contraintes du terrain s'appliquent aussi à vous. Et les prairies artificielles ne font-elles pas d'excellentes aires de pique-nique? Installez-vous bien tranquillement, et les caméras cachées sous les grosses branches vous filmeront et vous photographieront sans pitié au moment même où vous pensiez avoir tourné le dos à la civilisation.

Ce tableau vous semble exagéré, pour ne pas dire paranoïaque? Dans le Land de Rhénanie-Palatinat, dès 2014, le responsable de la protection des données en a jugé autrement, en alertant les grands médias sur le fait que plus de cent mille chasseurs avaient déjà installé leurs caméras sur des arbres de la région[30]. À la suite de cet appel à la vigilance, la forêt a été juridiquement considérée comme espace public, ce qui a rendu illégale sa vidéosurveillance par des personnes privées. Les contrevenants, dans ce Land, s'exposent désormais à une amende de 5 000 euros. Les choses ont-elles changé depuis? Hélas non, et je dois même avouer qu'avec la prolifération des caméras pour gibier, je me sens un peu comme dans l'émission *Big Brother*, autrement dit espionné en permanence. En tant que forestier, je passe beaucoup de temps à arpenter la forêt à pied, et savoir que chacun de mes passages est immortalisé en images ne me réjouit nullement. Mais il y a des gens que cette observation dérange encore davantage : les conjoints infidèles. En trente ans de métier, il m'est arrivé seulement deux fois de surprendre un couple en pleine action dans l'herbe – et ce par le plus grand des hasards. Comme piqués par une tarentule, ils se sont relevés d'un bond en entendant le bruit de mes pas pour se réfugier derrière leur voiture. Situation très gênante pour moi qui venais juste contrôler qui avait garé son véhicule à l'écart de la route et pourquoi. Autre anecdote, le maire d'une commune de Carinthie (Autriche) s'est rendu compte que ses ébats nocturnes dans un coin tranquille de la forêt avaient été enregistrés par une caméra de surveillance du gibier, et que les images avaient été rendues publiques. Ce n'est d'ailleurs plus un cas isolé : depuis, plusieurs de ses collègues ont subi la même mésaventure, en Autriche comme en Allemagne.

Quoi qu'il en soit, je me réjouirais si l'installation de ces dispositifs de surveillance était expressément interdite par la loi : en fin de compte, la forêt est l'un des derniers lieux de refuge dans nos pays si densément peuplés.

Le « dress-code » de la forêt

Le marché des sports de plein air est en pleine expansion. En feuilletant les catalogues, difficile de faire son choix parmi tous ces pantalons, ces chaussures ou ces vestes de randonnée. S'il n'y avait pas les tests et les avis, ce serait un vrai casse-tête pour moi aussi, et aller acheter sur place, en passant par la cabine d'essayage, n'est pas toujours une garantie de succès. Néanmoins, il existe quelques règles de base pour ne pas faire fausse route. La plus simple, la voici : regardez ce que portent les professionnels. Celles et ceux qui crapahutent toute la journée dehors se débrouillent généralement pour que leurs vêtements ne leur compliquent pas la vie.

Vous êtes-vous déjà demandé pourquoi les forestiers sont tout de vert vêtus ? Il y a cent ans, je vous aurais sans doute répondu « à cause des braconniers ». Ici et là, on trouve encore dans la forêt une stèle rappelant le glorieux combat d'un de mes prédécesseurs contre les voleurs de gibier. Si le garde forestier succombait, on lui faisait un monument à l'endroit où il était tombé. Un bon camouflage pouvait donc s'avérer utile. Aujourd'hui, c'est le contraire : se camoufler, c'est risquer de finir écrasé sous un arbre, du moins quand on est bûcheron. En effet, les bûcherons travaillent toujours à plusieurs, et quand on perd de vue ses collègues, la tronçonneuse coupe toujours du mauvais côté. C'est pourquoi les ouvriers forestiers doivent toujours se rendre visibles, soit par une tenue orange fluo, soit par des éléments orange à plusieurs endroits de leur équipement de sécurité. Mais les forestiers, eux, jouent plutôt les cowboys solitaires, pour choisir quels arbres devront être bientôt abattus. Chaque tronc sera alors marqué à la bombe de peinture ou par une bande de papier. Cette opération, surtout pour de gros arbres, nécessite un contact physique qu'un œil non averti qualifierait de gros câlin. Sur fond vert, les traces laissées par les substances couleur d'algue qui recouvrent le bois humide se voient moins.

Quant aux cerfs, aux chevreuils et aux sangliers, ils se moquent éperdument de la couleur. Qui espère disparaître dans le décor et mieux les observer en s'habillant en vert se trompe. Le plus important, c'est de dissimuler les contours de sa silhouette. Le tout est de ne pas être perçu comme un « grand animal », mais de se fondre dans les détails du sous-bois. C'est ce que fait magistralement le tigre avec ses rayures verticales. Lors d'une battue, les chasseurs sont devant un dilemme : d'un côté, la réglementation les oblige à être parfaitement visibles et donc porteurs d'une tenue fluo. D'un autre côté, ils veulent voir le plus de gibier possible, pour en abattre le plus possible. L'industrie de l'habillement a réagi : on peut désormais se procurer des vestes motif camouflage, mais sur fond orange ou jaune fluo. Absurde ? Pas du tout, cela fonctionne à merveille. Mon ancien chef, un directeur de l'administration forestière qui portait une veste de ce type lors d'une battue, a failli se faire renverser par un chevreuil en fuite, qui ne s'est avisé qu'à la dernière seconde que ce n'était pas un buisson. La raison : les grands mammifères sont en partie daltoniens, ce qui les empêche de distinguer les tons rouges des tons verts ou jaunes. Avec un motif camouflage, l'œil du gibier confond la silhouette avec son environnement. La seule exception est le bleu. Pour être tout à fait exact, pour les cervidés et les sangliers comme pour la plupart des mammifères, les couleurs se résument à bleu ou non-bleu, ce qui vous laisse tout de même un large choix pour la couleur de votre future tenue d'observation[31].

Après la question de la couleur, passons à celle du matériau. Personnellement, je n'apprécie guère les matières high-tech, surtout pour les vestes. Ces membranes imperméables sont certes très efficaces pour vous protéger de l'humidité, mais au bout de quelques années à peine, elles ont une fâcheuse tendance à s'émietter lamentablement. À vrai dire, les vêtements que je préfère, ce sont ceux qui rendent de bons et loyaux services durant au moins la moitié d'une vie. Un mélange de coton et de fibre synthétique, c'est le maximum de ce que je m'autorise comme concession à la technique, car cela sèche vite tout en restant suffisamment solide. Les buissons pleins d'épines ne font pas grand mal aux matières naturelles, et du moment qu'elle est assez épaisse, une parka se passe très bien de membrane respirante. Il faut tout de même au moins une heure pour que l'humidité arrive en contact avec la peau, et dans la plupart des cas, on finit par trouver à se mettre à l'abri, de préférence sous un grand et vénérable conifère.

Quand le temps est vraiment mauvais, on finit par se mouiller les pieds même avec les meilleures chaussures de marche, car malgré toutes les promesses, la membrane de protection laisse alors passer l'eau. Ce qui vaut pour les parkas vaut aussi pour les chaussures : dans les plis, les revêtements high-tech s'usent plus facilement, et au bout d'un certain temps, laissent entrer autant d'humidité que des chaussures de cuir traditionnelles. Vous avez le choix : soit racheter régulièrement des chaussures neuves, soit opter pour des bottes de pluie. Des bottes, oui, mais lesquelles ? Les modèles de base en matière synthétique sont à éviter, surtout l'hiver. En effet, elles durcissent par temps froid, et sur le sol gelé, elles deviennent de véritables patins à glace. De plus, elles ne sont pas bonnes pour les pieds, surtout les moins chères, car leur semelle intérieure laisse à désirer. On marche bien mieux dans des modèles en caoutchouc, qui restent souples même par grand froid et ont souvent une bonne voûte plantaire.

Dans le chapitre consacré aux tiques, nous avons déjà abordé la question du pantalon. Il vaut mieux choisir une couleur claire et unie, afin de repérer plus facilement les bestioles indésirables. Beige, gris ou vert clair, par exemple, ce qui permettra aussi de camoufler un peu les innombrables éclaboussures de boue envoyées un peu partout par vos chaussures – on peut avoir envie d'entrer dans une auberge sans avoir l'air d'une créature des bois. Une remarque en passant : l'estomac vide, vous vous réjouissez de tomber au détour d'un chemin forestier sur une charmante petite auberge – quoi de plus agréable que d'aller s'asseoir à une table pour passer sa commande ? Attention, n'oubliez pas que, par mauvais temps, votre balade en forêt vous fera laisser des traces dignes d'un ours des cavernes. Au début, tout va bien, mais au bout d'une petite heure, toute la terre accumulée sous vos semelles antidérapantes sera tombée, pour former un petit tas sur le plancher, ou pire encore, sur le tapis. Cette mésaventure m'est arrivée plus d'une fois, et j'ai toujours trouvé cela très désagréable, même quand les patrons le prenaient avec humour (ou ne s'en apercevaient pas). C'est pourquoi il vaut mieux anticiper, et penser à nettoyer ses chaussures avant même de quitter la forêt. La nature met gracieusement à votre disposition tout le matériel nécessaire. Par temps de pluie (c'est-à-dire justement quand le problème se pose), les ruisseaux et les fossés sont pleins d'eau. Profitez-en pour trouver un endroit plat où vous pourrez entrer dans l'eau pour rincer vos chaussures. Si vous ne pataugez qu'une ou deux minutes, même de bonnes vieilles chaussures de marche en cuir devraient supporter la baignade.

En l'absence de cours d'eau, pensez aux touffes d'herbe mouillée. Frottez-y vigoureusement vos chaussures (sans oublier le talon plein de boue !). Elles ne seront pas comme neuves, mais au moins elles ne laisseront pas tomber des kilos de boue à chaque pas. Et s'il n'y a pas de touffes d'herbe ? C'est le moment d'aller vous frotter les pieds un peu partout dans les sous-bois, où les branches et brindilles tiendront lieu de brosse à chaussures. Si ce n'est pas assez chic pour vous, un peu de mousse vous permettra de fignoler ce nettoyage. Et par temps de pluie, quelques petits coussins de mousse, bien imbibés d'eau propre, seront aussi efficaces que des lingettes pour vous nettoyer les mains.

Inviter la forêt chez soi

À l'endroit précis où vous êtes en train de lire ce livre, il y a eu, un jour, une forêt. Comment puis-je en être aussi sûr ? Avant que les humains ne viennent passer au peigne fin tout le paysage, il n'y avait presque pas de surface sans arbre. Les seules exceptions étaient les rives des cours d'eau, où, en cas de crue ou de dégel, les vieilles souches étaient toujours arrachées, ou encore les grandes zones marécageuses. Sans oublier, naturellement, les quelques espaces situés au-dessus de la limite des arbres, dans les Alpes par exemple. Mais je doute que vous ayez emporté mon livre jusque là-haut, raison pour laquelle je peux donc faire ce pari : vous êtes assis dans une ancienne forêt. Nos ancêtres voyaient la forêt comme menaçante, car elle fournissait peu de nourriture et abritait de dangereux prédateurs. Animaux ou humains, le couvert forestier, en effet, dissimule l'ennemi – animal ou humain – jusqu'à ce qu'il ne soit plus qu'à quelques mètres de distance. Quoi de plus évident, dès lors, que de se débarrasser de ces cachettes gênantes tout en récupérant d'énormes quantités de bois et de terres cultivables ? Vers 1800, l'affaire était déjà entendue : de vastes parties de l'Europe étaient aussi dégarnies qu'une steppe, et ressemblaient donc à l'écosystème dont nous sommes originaires.

Hourra! Mais à la joie se mêlait déjà la nostalgie. Car avec ses grands arbres, le paysage avait aussi perdu son âme. C'est de cette époque que datent les tableaux mélancoliques de Caspar David Friedrich, où l'on voit par exemple des chênes torturés tendant leurs branches noueuses vers le ciel.

Et toute cette forêt, qu'est-elle donc devenue? Elle a pris le chemin des scieries, comme c'est encore le cas aujourd'hui. En Allemagne, plus de 98 % des surfaces forestières sont désormais soumises à une exploitation régulière – ce qui revient à dire que les arbres n'y font pas de vieux os. Si ce n'est le fait que la part des zones protégées devrait être bien plus grande, la valorisation commerciale du bois n'a rien de répréhensible en soi. Ce matériau apporte un peu de forêt à l'intérieur de nos maisons, comme en témoigne la mode actuelle des meubles en bois naturel. Des pièces de bois qui auraient été récemment encore jugées impropres à la fabrication de meubles sont aujourd'hui recherchées et mises en valeur. Par exemple ces branches en spirale, ces changements de teintes, ou même ces traces laissées par des parasites: plus il y a de marques, plus votre nouveau bureau sera original et unique. Une taille spéciale fait ressortir les cercles concentriques du bois, si bien que votre table de travail est une expérience de tous les sens. En regardant attentivement, on peut voir tout ce que l'arbre a réussi à traverser.

On y voit des lignes fines, assez courtes, à peine discernables chez les feuillus, mais soulignées par des sécrétions de résine chez les conifères. Le tronc a subi des lésions, dont l'arbre a eu à souffrir. Le plus souvent, ces blessures sont dues à une violente tempête d'hiver qui a fait ployer l'arbre avec une force qui peut aller jusqu'à cent tonnes.

Si le tronc a été scié dans le sens de la longueur, les cercles concentriques qui témoignent de sa croissance forment de longues bandes verticales. Mais si tout ne s'est pas passé comme prévu, les planches présentent des motifs de forme irrégulière. Ils résultent des efforts que l'arbre a dû fournir pour se réparer et retrouver son équilibre. Il peut ainsi arriver qu'un épicéa qui a d'abord poussé de travers réussisse à s'équilibrer en produisant davantage de bois d'un seul côté. En observant la planche, on remarque que les bandes verticales ne sont plus droites, mais inclinées. Mais parfois, ce sont des blessures qui les ont conduits à une croissance sauvage. Ainsi, un arbre renversé par la tempête se frotte brutalement à ses voisins lors de sa chute, et le frottement de son écorce les endommage parfois gravement. Pour éviter l'entrée des champignons qui détruisent le bois, le sujet touché s'efforce de refermer au plus vite la zone exposée, par une croissance particulièrement rapide. La conséquence en est l'apparition d'une grosse boursouflure du bois, parfois étonnamment grosse, selon l'ampleur de la lésion. Mauvais pour l'arbre, mais bon pour l'artisan : cette loupe présente des motifs remarquablement variés.

Les nœuds du bois témoignent eux aussi de la vie qu'a menée l'arbre. S'ils ont la même couleur que le bois qui les entoure, c'est que la branche était encore verte, et donc vivante, au moment de l'abattage. Ils sont bien intégrés au reste et ne gênent ni visuellement (encore que ce soit une question de goût), ni pour ce qui est de la solidité. Pour les nœuds entourés de noir, ou notablement plus foncés que le reste de la planche, c'est une autre histoire. La branche était déjà morte sur l'arbre, et celui-ci a tenté de combler le trou qui en résulte. Souvent, le moignon de branche n'est pas totalement remplacé par du bon bois nouvellement formé : c'est que l'arbre a été récolté avant d'avoir terminé ses travaux de réparation. Quand le nœud, vu de dessus, a une forme bien ronde, c'est qu'on a coupé perpendiculairement au sens de croissance de la branche.

Et comme la branche était morte, elle n'est plus très bien reliée aux tissus environnants. Quand la planche va sécher, le nœud, lui, se desséchera bien plus fortement et finira par se détacher. Le résultat, c'est le célèbre défaut du bois qui permet de jouer les espions à travers une palissade : amusant, tant qu'il ne s'agit pas de vos meubles ou de votre plancher.

Chez les producteurs de bois soucieux d'offrir des produits de qualité, ces défauts sont aussitôt colmatés avec un morceau de bois de la même essence, ce qui les rend presque indiscernables.

Si les planches ou les meubles ne présentent pas de départ de branches, c'est qu'ils viennent généralement de vieux et gros arbres. Ils ont perdu depuis bien longtemps leurs branches latérales (celles dont un arbre n'a plus l'utilité quand elles poussent en dessous de son houppier), et le moignon a été entouré, des décennies plus tôt, d'épaisses couches de bois sain. Ce bois réputé « sans nœuds » est celui qui se vend le plus cher.

En observant de près un meuble ou un parquet issu d'un bois comme celui-là, on peut même y lire l'âge de l'arbre. Le hêtre, par exemple, n'était jadis apprécié que de couleur claire et sans aucun défaut visible. Conséquence : les hêtraies de plus de cent quarante ans d'âge perdaient de leur valeur, parce que le cœur des arbres développait des teintes rougeâtres. Ce phénomène, qu'on appelle le « cœur rouge », fait qu'aucune planche n'est identique à une autre, et qu'on observe des variations de couleurs, et parfois des motifs en forme de flamme. Fort heureusement, à la demande de nombreux forestiers, la filière du meuble a fini par réagir et propose depuis quelques années du hêtre veiné de rouge, sous diverses dénominations (hêtre sauvage, hêtre à cœur rouge…). Et les acheteurs apprécient ! Ainsi, les arbres peuvent profiter de la forêt quelques décennies de plus et vieillir dans la dignité. Les cigognes noires peuvent faire leur nid dans les hautes frondaisons, et les pics verts creuser à cœur joie ici ou là. Et parce que les hêtres isolés meurent à un âge plus avancé, le taux de bois mort augmente lui aussi dans ces zones. Si vous voulez aider les oiseaux, les insectes et les champignons, achetez du hêtre rouge. Ou des meubles en bon vieux chêne massif, en sapin centenaire ou en mélèze. Et pour que la forêt d'où provient le bois soit au moins gérée de façon un peu plus durable, recherchez le label FSC.

Pour avoir une influence plus directe encore, achetez votre table ou vos chaises chez un menuisier local. Vous y trouverez des chefs-d'œuvre de l'artisanat. C'est ainsi que j'ai fait faire mon nouveau bureau par une petite entreprise locale ; je dois avouer qu'au départ, cela s'est fait un peu par hasard. Comme je mesure 1,98 mètre, je ne trouvais pas de bureau confortable dans les grandes chaînes de mobilier : j'ai donc fini par me résoudre à commander un bureau sur mesure, afin d'épargner mes disques intervertébraux. À l'occasion d'un de mes séminaires, une petite PME artisanale est venue se présenter, et son nom, Holzgespür, qui pourrait se traduire par « intuition bois », m'a aussitôt intrigué. Dès le début, chez ce créateur de meubles, le client est associé à la conception et à la fabrication. C'est moi qui ai choisi le type d'arbre que je voulais (local, bien entendu) : anneaux très marqués ou aspect plus uni ? plateau de la table avec ou sans nœuds dans le bois ? Pour faciliter mon choix, la propriétaire m'a envoyé une petite vidéo grâce à laquelle j'ai pu quasiment parcourir l'entrepôt et choisir le bois qui me conviendrait le mieux. Ensuite, j'ai été plusieurs fois informé de l'avancement du processus de fabrication. Lorsque le meuble a finalement trouvé sa place dans la pièce, quelle joie de découvrir enfin le bureau de mes rêves !

Certes, ces meubles-là sont plus chers que ceux que l'on trouve chez un discounter, mais leur construction massive et leur design indémodable en font des objets à transmettre aux générations suivantes. Tourner le dos à la mentalité du tout-jetable fait aussi le plus grand bien à la forêt, en évitant le gaspillage de la ressource. Car nous utilisons bien trop de bois ! Dans la seule Allemagne, plus de 150 millions de mètres cubes chaque année[32] – imaginez le nombre d'arbres abattus que cela peut représenter ! La surface forestière du pays n'y suffirait pas, et ce depuis longtemps, puisque seuls 60 millions de mètres cubes annuels de bois y sont produits, d'après les statistiques fédérales. L'industrie forestière a beau affirmer que cette quantité pourrait augmenter sans problème, les protecteurs de la nature, eux, considèrent que c'est déjà trop.

Il y a un arbre que nous aimons faire entrer dans notre maison au moment des fêtes, c'est le sapin de Noël. Cette pratique remonte loin dans le temps, avant le christianisme. Les végétaux toujours verts, comme l'épicéa et le pin, mais aussi l'if et le houx, symbolisaient le retour du printemps. Le sapin de Noël que nous connaissons en Allemagne, avec des friandises accrochées aux branches, date probablement des alentours de l'an 1419, où un boulanger de Fribourg eut l'idée d'orner de sucreries un épicéa[33]. Au XVIe siècle, la coutume s'installa définitivement, mais plutôt dans les couches les plus fortunées de la population. Avant qu'un arbre de Noël décoré de bougies fasse son entrée dans chaque foyer, il fallut encore attendre trois cents ans.

Et les arbres, est-ce qu'ils apprécient la tradition ? Difficile de leur donner la parole – et de toute façon, quand on les monte sur leur support, ils sont morts, en tout cas dans la majorité des cas. Mais les familles les plus charitables achètent leur arbre avec la motte, c'est-à-dire avec des racines. Une fois les fêtes passées, le petit arbre est replanté dans le jardin pour y couler des jours heureux. Je trouve ce geste tout à fait touchant… même si les conséquences peuvent devenir incontrôlables. Avez-vous déjà remarqué tous ces conifères tirant sur le bleu qui se dressent juste devant les maisons individuelles ? Pourquoi cette espèce ? Parce que, jusque dans les années 1990, les épicéas bleus ou sapins bleus étaient les sapins de Noël que l'on vendait le plus. Depuis, les sapins remis en liberté ont bien grandi : ils mesurent parfois jusqu'à vingt mètres de haut. Ils deviennent alors un problème, car ils menacent les maisons en cas de tempête. Soit on fait appel à des entreprises spécialisées pour s'en débarrasser, soit on remet cela à plus tard, en laissant croître l'arbre (et le danger). Aujourd'hui, ce sont les nordmanns qui sont à la mode, ce qui veut dire que, dans trente ans, nous verrons des nordmanns géants s'élever dans tous les jardins.

Et l'arbre, alors, comment va-t-il ? En fait, il est en sommeil hivernal, donc inactif. Exactement comme les hérissons ou les ours, les arbres hibernent afin de dépenser une dose réduite d'énergie. Comme eux, ils ont besoin de leurs réserves constituées à l'été précédent pour former de nouvelles pousses au printemps. Quand il est temps de remettre le système en route, les épicéas et sapins en sont avertis par la montée des températures et la durée du jour. Si les deux phénomènes sont réunis, c'est que la saison chaude commence, leur souffle l'expérience accumulée sur plusieurs millions d'années. Mais le temps passé dans une salle à manger ne fait que les perturber. Les lumières festives brûlent jusque tard dans la soirée, et le chauffage central ou le poêle chauffent autant que le soleil d'été. Pour les petits sapins, cela veut dire que l'hiver est fini… mais voilà que la belle saison ne dure que quelques jours. Mi-janvier au plus tard, il faut retourner dehors et affronter la rigueur de l'hiver. Beaucoup d'arbres de Noël réussissent ce grand écart, mais certains n'y survivent pas. Ils meurent, ou pour dire les choses moins brutalement, ils ne grandissent plus. Ce qui leur laisse tout de même la chance de poursuivre leur vie d'arbre.

Sapin de Noël, Hautes-Alpes, France.
Même quand on achète un sapin avec ses racines, il est difficile
de le replanter après les fêtes. Pourquoi ne pas plutôt
le décorer directement dehors ?

Dans les bois
en février

Le mois de février n'est-il pas éprouvant, en tout cas en pleine nature ? Les arbres sont dégarnis, le temps est souvent mauvais, et s'il y a de la neige, en raison du changement climatique, elle ne reste pas longtemps. Au lieu de cela, des jours et des jours d'averses ont tellement détrempé les sols qu'à chaque pas, la boue éclabousse les jambes du pantalon. La longue attente du printemps atteint son point culminant, tandis que l'humeur, elle, est au plus bas. Cependant, pour ce qui est de la forêt, le tableau est loin d'être si sombre ; c'est plutôt la déprime saisonnière qui nous fait voir tout en noir. Si on prend son courage à deux mains pour aller faire un tour en forêt, on constate même que ce moment de l'année censément sinistre ne manque ni d'intérêt ni de couleurs – bien au contraire.

Prenons par exemple les mousses. Elles poussent à l'ombre des arbres et recouvrent les racines en surface, si bien qu'on dirait que de grosses pieuvres vertes, d'où émergent les grands troncs, ont envahi les sous-bois. C'est à ce moment que le contraste entre les feuilles brunies, les écorces gris-brun et le vert lumineux des coussins de mousse est le plus spectaculaire. Le blanc, lui, ne se trouve que dans la neige. Mais dans certaines conditions, de petits êtres cachés s'en mêlent, et comme par enchantement, de longues touffes de cheveux blancs apparaissent sur les vieilles branches qui pourrissent au sol. Il s'agit du souffle gelé des champignons, qui produit ces étranges cheveux de glace. Les champignons dégradent peu à peu le bois, le digèrent et, exactement comme nous, produisent de la vapeur, du gaz carbonique et autres molécules. Ce sont ces productions qui gèlent dès qu'elles arrivent dans l'air extérieur froid, et à chaque nouvelle expiration, de nouveaux éléments s'ajoutent, pour créer peu à peu ces fines et féeriques formations de glace. Prenez-les en main, et en un clin d'œil, ces délicates constructions vont fondre, ne laissant au creux de votre paume que quelques gouttes d'eau.

Les champignons ne peuvent pas s'attaquer au bois gelé, sans quoi ils gèleraient aussi. C'est pourquoi on ne voit ces cheveux de glace que lorsque la température reste très légèrement inférieure à zéro, et qu'à l'intérieur le bois n'a pas gelé.

Bien des arbustes s'éveillent de leur long sommeil, comme le noisetier. Ses semences mâles pendent des branches comme de petites queues et dispersent leur pollen, responsable des premières crises de l'année pour de nombreux allergiques. Tandis que les feuillus dorment encore, les résineux sont déjà sur le qui-vive. Dans leur pays natal, le Grand Nord, il leur faut mettre à profit chaque jour clément pour leur courte période de végétation, et c'est pourquoi ils ne peuvent pas se permettre de traîner autant que leurs collègues à feuilles. De l'extérieur, cela se voit à peine, car les bourgeons contenant les nouvelles pousses vertes sont encore fermés. Mais si vous avez l'occasion de faire un tour du côté d'une exploitation forestière, profitez-en pour jeter un œil aux souches, autrement dit aux arbres coupés. Dès que le temps est doux, vous verrez de petites gouttes de résine perler sur les bords de la souche, montrant que l'arbre commence à pomper de l'eau dans le sol. L'arrivée de l'élément liquide dans l'arbre annonce toujours le début d'un nouveau cycle de végétation. La pression continue à monter en mars et en avril, et ce n'est certes pas un bref épisode de froid ou de neige qui pourra l'arrêter. C'est pour cette raison qu'on récolte la sève des érables exactement à cette période-là. Dès que les feuilles et jeunes pousses apparaissent, la pression diminue, et le bois commence à sécher.

Une épaisse couche de neige qui fond lentement est vraiment l'idéal pour un arbre, car l'eau a le temps de s'infiltrer profondément dans le sol, où elle sera stockée longtemps. Jusqu'en plein cœur de l'été, les bois pourront puiser dans cette précieuse réserve, au cas où la sécheresse reviendrait.

C'est aussi en février que les oiseaux de nos régions s'activent, à la recherche de leur partenaire et pour défendre leur bout de territoire. À la fin du mois surtout, on peut entendre les pics tambouriner sur leurs troncs d'arbres bien-aimés. C'est leur façon à eux de chanter, et de faire savoir à leurs concurrents que ce coin-là de la forêt est occupé. Les lièvres, eux aussi, ont la fièvre printanière, parfois dès le mois de janvier, d'ailleurs. La femelle, appelée la hase, se montre difficile : elle choisit le meilleur boxeur. Les mâles mettent tant d'énergie au combat qu'ils y perdent souvent des plumes, ou plutôt des poils : en regardant bien, on voit des flocons de « laine » arrachée çà et là.

Dans les bois
en mai

Enfin, le moment tant attendu est arrivé : les forêts de feuillus rever-dissent. En moyenne montagne, du moins, le mois de mai est tou-jours la saison du renouveau ; mais, changement climatique oblige, à plus basse altitude, les choses se passent dès le mois d'avril. Pour les arbres, c'est un tour de force qui épuise presque toutes les réserves de l'été précédent. C'est pourquoi ils attendent prudemment que le printemps soit vraiment là, et ne se lancent qu'une fois le grand froid passé. Mais même les arbres peuvent se tromper. À haute altitude, il gèle parfois jusqu'au mois de juin. La jeune verdure se flétrit alors sur les branches, brunit, et pour les hêtres et les autres, c'est un combat pour la survie qui commence. Il leur faut recommencer à zéro, et tous les arbres n'ont pas les réserves suffisantes pour une deuxième feuillaison.

Sans compter qu'à cette période, les arbres sont particulièrement sensibles. Pendant la montée de sève, leur tronc contient une grande quantité d'eau. Quelques semaines auparavant, en mars-avril, la pression est si forte qu'on peut même entendre la sève monter dans les arbres au moyen d'un stéthoscope. Comment ces géants verts

265

Combat de lucanes mâles, France.
Les lucanes cerfs-volants ne vivent que quelques semaines,
uniquement consacrées à s'accoupler et à pondre.
Les grands bois qui ont valu à l'insecte mâle son surnom
lui servent de mandibules, qu'il brandit essentiellement
lors de combats entre rivaux.

parviennent-ils à acheminer toute cette eau à des hauteurs pareilles ? Ce mystère n'est pas encore totalement éclairci. Transpiration, osmose, capillarité : tous ces phénomènes ne suffisent pas à en rendre compte. Tant d'humidité fait que l'écorce n'adhère plus au tronc aussi solidement que d'habitude, d'où le fait qu'au printemps, les arbres sont particulièrement sensibles aux blessures. Toujours à cause de cette humidité, dès que l'écorce est entamée, champignons et bactéries se précipitent pour coloniser les lésions. Ce qui rend la guérison plus difficile, d'où le fait que, dans votre jardin, il ne faut surtout pas tailler les arbres au printemps. En mars et en avril, on voit sur les souches des arbres coupés un liquide qui perle : « C'est l'arbre qui saigne », dit très justement la sagesse populaire.

L'interdiction officielle d'abattre des arbres hors agglomération à partir du mois de mars* est moins destinée à aider les végétaux que les oiseaux. Le législateur européen a voulu ainsi empêcher que ceux-ci soient perturbés dans leur reproduction. Mais la règle ne vaut pas pour la filière bois, autrement dit pour l'activité qui produit le plus de dégâts en la matière. Des centaines de milliers de nids tombent chaque année au sol, victimes de l'exploitation des épicéas et des pins, où les nids sont difficilement repérables depuis le sol. Pourquoi tolère-t-on ces dégâts collatéraux ? Pour alimenter les scieries à flux tendus – *just in time*.

Début mai, en certains endroits, le sol de la forêt devient un véritable tapis de fleurs. Mais sous nos latitudes, une forêt naturelle est bien trop sombre pour les fleurs. Les houppiers des hêtres et des chênes (quand ils ont toutes leurs feuilles et poussent tout près les uns des autres) ne laissent passer jusqu'au sol que 3 % de la

---

* En Allemagne, l'interdiction s'étend du 1er mars au 30 septembre ; en France, du 1er avril au 31 juillet, chaque pays de l'Union européenne pouvant fixer les dates correspondant à la « période de nidification ».

lumière du jour, ce qui est insuffisant à la survie de la plupart des plantes. Il existe toutefois une petite fenêtre temporelle qui donne une chance aux nains vivant au pied de ces géants. À la fin du mois de mars, quand la température remonte, de délicates pousses d'anémone sylvie, de ficaire fausse-renoncule ou d'ail des ours font leur apparition entre les feuilles sèches du dernier automne. Ces fleurs que l'on dit « précoces » ont tout intérêt à se dépêcher. Il leur faut sortir de terre, fleurir, former leurs graines et emmagasiner des réserves pour le printemps prochain, le tout avant qu'il ne fasse trop sombre autour d'elles. Les grands arbres dorment encore, et ne s'éveillent que lentement en avril. Jusqu'à ce que la canopée se referme et qu'il soit trop tard, on a jusqu'à la mi-mai. Il reste donc deux mois à ces plantes si colorées pour expédier les tâches que tant d'autres espèces prennent tout l'été pour mener à bien. Vu sous cet angle, les anémones sylvies, ficaires et leurs comparses sont les sprinters de nos sous-bois.

Au joli mois de mai, des insectes de belle taille sortent du sol. Ce sont d'abord les hannetons, qui sont restés dans le sol deux à trois années entières sous forme de ces grosses larves connues sous le nom de « vers blancs ». Là, au grand dam des forestiers, ils ont grignoté les racines des arbres jusqu'à ce que le moment soit enfin venu de terminer leur métamorphose et de passer encore l'hiver, mais sous la forme de gros cafards profondément enfouis dans la terre. Une fois capables de voler, les insectes continuent à se repaître d'arbres en s'attaquant au feuillage, et sont capables, pour peu qu'ils soient assez nombreux, de défolier des parcelles entières de forêt. Mais cela ne nuit pas durablement aux arbres, dont les feuilles repousseront fin mai.

Après avoir longtemps fait partie du folklore des campagnes, les hannetons ont pratiquement disparu : depuis les années 1970, on a souvent constaté qu'il n'y en avait plus, ou si peu. Le chanteur allemand Reinhard Mey y consacrait même une chanson en 1974. Depuis, on a appris que ces insectes, outre leur cycle de quatre ans, celui du passage de l'œuf au sujet adulte, connaissaient aussi un cycle bien plus long, de trente à quarante-cinq ans. À chaque fois, au bout de ce long délai, les hannetons pullulent, puis leur population décroît, victime de maladies, ce qui peut laisser croire que l'espèce a presque totalement disparu. Saviez-vous que, jadis, les hannetons étaient redoutés comme grands dévoreurs de feuilles, surtout celles des arbres fruitiers, mais qu'ils étaient aussi très appréciés par les gourmets ? Au XXᵉ siècle encore, on les consomme crus, grillés ou bouillis. Les boutiques des confiseurs proposent même, à titre de friandises, ces petites bombes de protéines enrobées de sucre. Sans aller jusqu'à en croquer eux-mêmes, nos ancêtres nourrissaient volontiers leurs poules avec cette manne gratuite : mon père, par exemple, s'en souvient fort bien.

Encore plus gros, et plus rares : les lucanes cerfs-volants, des xylophages qui mènent une vie discrète. La larve se construit une petite loge dans le bois tendre des arbres pourrissants et y passe au moins trois ans, parfois même jusqu'à six ans, avant de se changer en nymphe, puis en un imposant coléoptère qui s'aventure au grand jour. Les adultes ne vivent que quelques semaines, uniquement consacrées à s'accoupler et à pondre. Les grands bois qui ont valu à l'insecte mâle son surnom inspiré du cerf lui servaient originellement de mandibules ; mais aujourd'hui, il ne les utilise plus que lors de combats entre rivaux. Ce fier appendice ne présente aucun danger : en effet, le mâle ne mord pas et se contente de boire de la sève sur les arbres. Plus petite, la femelle, que l'on appelle aussi « petite biche », est quant à elle capable de mordre, avec ses mandibules pourtant réduites. C'est elle qui sait faire couler des arbres le précieux liquide en pratiquant de petites entailles dans l'écorce. Après l'accouplement, elle dépose quelques œufs sur les racines d'arbres mourants ou déjà morts, puis les deux parents rejoignent le paradis des petites bêtes. Comme les lucanes ont absolument besoin de bois mort, ils sont considérés comme fortement menacés, dans la mesure où dans nos forêts exploitées, il est rare qu'on laisse pourrir en paix les chênes ou les autres feuillus. Heureusement, il existe des refuges d'urgence : les piquets de clôtures en bois ou les souches des vieux arbres fruitiers. Si vous en avez dans votre jardin, vous pouvez donc les laisser en place pour abriter et nourrir ces sympathiques petits êtres.

Ces animaux permettent de mettre en évidence notre façon subjective de voir les choses : puisque l'insecte passe 99 % de sa vie au stade larvaire, ne vaudrait-il pas mieux lui donner un nom relatif à cet état, plutôt qu'à celui de coléoptère ? C'est que, pendant tout ce temps, l'animal reste invisible à nos yeux, qui ne le voient qu'à la brève période des amours. Cela influe sur notre perception de l'insecte, et éveille même en nous une pitié déplacée. Même chose pour l'éphémère, qui ne s'envole dans les airs que pour s'accoupler, mais qui a tout de même, auparavant, passé toute une année dans nos mares et nos ruisseaux. Nous sommes tout prêts à la plaindre pour sa courte vie, alors qu'à l'échelle d'un insecte, elle atteint un âge tout à fait respectable.

Une multiplication d'insectes, cela peut paraître assez effrayant. C'est un phénomène que j'ai pu moi-même observer dans l'une des chênaies de mon secteur, frappée par une attaque de tordeuse verte du chêne, un petit papillon. Des millions de petites chenilles partaient à l'assaut des feuilles toutes neuves, afin de les dévorer. Or, qui dévore doit ensuite faire sa grosse commission. Pour chaque petite chenille, cela ne représente qu'une minuscule boulette ; mais pour une horde pareille, ce sont des dizaines de milliers de petites crottes qui tombent par terre en même temps. Cela produit un bruit qui rappelle celui d'une forte averse, à la différence que le phénomène peut se prolonger des semaines entières. Il va sans dire qu'une balade sous les chênes en pareille circonstance n'a rien de bien ragoûtant.

Dans les bois
en août

Dans la touffeur de l'été, en forêt, on dirait que les promeneurs ne sont pas les seuls à donner des signes de fatigue – les arbres aussi. Cette impression ne trompe pas : peu à peu, les arbres se préparent à leur sommeil d'hiver. Grâce à la photosynthèse, ils ont jusque-là rempli leurs réserves sous l'écorce et dans les racines, si bien que plus rien ne leur manque pour prendre un nouveau départ au printemps. Les feuilles, autrement dit des articles destinés à ne tenir qu'une saison, sont mises à rude épreuve elles aussi. Elles portent les traces du passage des insectes, comme le *Trachodes hispidus* dont j'ai parlé plus haut. Le petit Iroquois pond ses œufs sous les feuilles de hêtre, dans lesquelles ses larves laisseront sans vergogne des corridors en forme de serpent ; ces zones se colorent de brun, si bien que de loin, un arbre fortement touché prend une teinte vert olive plutôt que vert pré. Le coléoptère adulte continue là où le ver avait déjà fait tant de dégâts : il perce de petits trous les panneaux solaires de l'arbre. À la fin, les feuilles semblent avoir été criblées par un elfe muni d'une carabine à plombs.

Comme nous l'avons vu au chapitre « Survivre dans les bois », le

273

cambium d'épicéa n'est facile à détacher que jusqu'à début juillet, car ensuite les arbres retirent peu à peu la sève de leurs tissus. Le bois devient dur et fibreux, et la même chose arrive aux feuilles et aux aiguilles, qui perdent leur vert plein de sève pour prendre une teinte jaunâtre, comme si elles signalaient en pâlissant que leurs forces les abandonnent.

La canicule estivale a parfois pour effet de renforcer ce phénomène. Quand les précipitations se font rares, beaucoup d'arbres se débarrassent d'une partie de leur feuillage. Chez moi, nos hêtres le font souvent fin juillet, pour conserver le reste de leurs panneaux solaires jusqu'à octobre. Cerisiers et sorbiers des oiseleurs ont en août déjà emmagasiné tant de soleil, et donc produit tant de sucres, que leurs organes de stockage sont saturés et que les arbres, en quelque sorte, lâchent du lest. Le feuillage se colore de rouge, et jusqu'au printemps prochain, leur métabolisme marche au ralenti.

Même les oiseaux semblent ralentir le rythme. En tout cas, on entend rarement leurs trilles joyeux ou le tac-tac des pics verts. Les oiseaux des bois sont plus silencieux. Le pigeon colombin, par exemple, limite ses sons au strict minimum. Il ressemble à la palombe, ou pigeon ramier, mais sans la marque blanche au niveau du col. Au lieu du «houhou-houu», cet habitant des bois n'émet plus qu'un timide «hou» isolé. Il faut dire qu'en plein mois d'août, son doux roucoulement n'est plus une nécessité vitale, puisque la saison des amours est passée: plus de message galant à transmettre. Si les pics se reposent, c'est pour la même raison. Beaucoup d'oiseaux n'élèvent leurs petits qu'une fois dans l'année. L'offre de nourriture, qu'il s'agisse d'insectes ou de fruits, est strictement saisonnière, et à la fin de l'été, les réserves déclinent déjà.

Cela vous étonne? Beaucoup de plantes sont encore en fleurs, environnées d'une foule d'insectes. Les buissons de mûres sont chargés de baies, ne conviendraient-elles pas pour nourrir la petite famille ? Mais cette abondance est typique du paysage de steppe, représenté chez nous par nos prairies et nos arbustes, même si ce sont l'œuvre des hommes. On y voit encore vibrer toute la vie de l'été, pendant que la forêt, elle, se prépare déjà pour l'hiver. Les pucerons, qui au printemps buvaient encore par milliards le suc des jeunes pousses, ont presque disparu. Les larves de coléoptères et de mouches sont déjà devenues des adultes qui se préparent, à l'ombre des arbres qui s'allonge, à hiberner sous l'écorce, ou par terre, sous le tapis des feuilles tombées. Rien d'étonnant à ce que les oiseaux ne trouvent plus autant à manger, et que les calories soient insuffisantes pour nourrir une nouvelle famille. D'où le relatif silence qui règne dans les bois au mois d'août ; lors des sorties que j'organise, on m'a souvent demandé pourquoi, à Hümmel, nous avions si peu d'oiseaux. Paradoxalement, dans les exploitations forestières qui pratiquent de grandes coupes, il en va tout autrement. En effet, on y rencontre souvent une configuration de steppe. Là où tous les arbres ont été coupés, les fleurs s'en donnent à cœur joie : on y voit quantité de digitales ou d'épilobes. Avec leurs tiges d'un bon mètre de haut, ces belles fleurs si colorées attirent les abeilles et bourdons, comme d'autres amateurs de nectar. Les oiseaux chanteurs trouvent à s'y nourrir, et même à produire trois nichées par saison. D'où le fait qu'on y chante bien plus longtemps.

Dans les bois
en novembre

Les arbres ont perdu leur feuillage, le ciel est gris, des gouttes d'eau froide tombent des branches… Qui aimerait aller se promener par un temps pareil? Et pourtant, cela peut en valoir la peine, si l'on veut bien comprendre ce qui se passe entre les troncs. La pluie, que l'on appelle parfois «le soleil liquide», est absolument vitale pour la forêt. En été, sous nos latitudes, il pleut dramatiquement peu, ou plutôt, pour le dire autrement, les arbres réclament beaucoup trop d'eau. Par une chaude journée d'été, un hêtre adulte absorbe jusqu'à 500 litres d'eau. Même s'il y a un gros orage, les précipitations sont bien loin de suffire à une troupe de géants aussi assoiffés. C'est pourquoi il faut absolument constituer des stocks quand la ressource est disponible, c'est-à-dire pendant l'automne et l'hiver. Quand il pleut sans discontinuer, quelle meilleure consolation que d'imaginer les réserves des arbres en train de se remplir? Dans la terre, autour des racines d'un seul individu, ce sont près de 25 mètres cubes qui peuvent ainsi être stockés. Raison de plus pour déplorer que les machines d'abattage modernes, avec leurs larges roues et leur poids qui peut atteindre les 50 tonnes, écrasent irrémédiablement les petits réservoirs d'eau qu'abrite le sol forestier, en réduisant sa capacité de stockage.

Les conséquences de ce traitement sont immédiatement visibles : après le passage des engins, la forêt est pleine de flaques, ce qui, hormis dans certaines zones humides, n'est absolument pas naturel. En effet, normalement, l'excédent de semaines entières de pluie devrait s'infiltrer au plus profond de la terre meuble, dans un processus qui peut s'étendre sur plusieurs décennies.

Précisons d'ailleurs que si la pluie descend, ce n'est pas seulement dans les pores de la terre. Elle emprunte aussi de petites voies express creusées non pas par l'homme, mais par les vers de terre, qui en avançant dans le sol fabriquent un système de communication qu'ils colmatent au fur et à mesure avec du mucus. Dans ce réseau de galeries toutes prêtes, ils se déplacent relativement vite eu égard à leurs possibilités. Pas assez vite, parfois, pour échapper aux taupes, qui apprécient particulièrement ces friandises atteignant près d'un demi-centimètre de diamètre. Quand elles trouvent plus de lombrics qu'elles n'en peuvent consommer, elles les immobilisent d'un coup de dent, tout en les gardant vivants, afin d'avoir toujours de la viande fraîche à la maison. Pas très appétissant pour nous, ni très drôle pour les vers de terre ! Mais ce n'est pas tout. Vous pensez que les vers de terre adorent la pluie, puisqu'ils se précipitent dehors à la moindre averse ? Rien n'est plus faux. Certes, on les voit seulement quand il pleut, dans ces jours gris et brumeux de l'automne où tout le paysage se change en un marais boueux et informe. Vous n'appréciez guère ce temps ? Eh bien, sachez que vous êtes du même avis que les vers de terre, car eux aussi détestent la pluie. Elle inonde leurs appartements souterrains, et s'ils remontent vers la surface, c'est par obligation : qui ne remonte pas assez vite à l'air libre périt lamentablement noyé. Mais une fois dehors, ce n'est pas gagné non plus. Le ver qui

Groupe de sangliers au repos, Bavière, Allemagne.
Quand vient le grand froid hivernal, les sangliers, gavés
de champignons et de glands, passent leurs journées
à somnoler à l'abri du vent et des regards.

se trompe de chemin a tôt fait d'atterrir dans une grande flaque, et de subir finalement le même destin. Sur les chemins, comme le sol est compacté par le passage des engins, les flaques deviennent ainsi, comme des océans, le tombeau de bien des marins. Soit dit en passant, au chapitre « Survivre dans les bois », il faudrait pour bien faire ajouter un paragraphe sur les lombrics, car la collecte de vers de terre constitue une excellente alternative à la chasse. Et pas seulement par temps de pluie : même quand le soleil brille, on peut les attirer à la surface. Pour cela, il faut planter un bâton dans le sol et tambouriner dessus avec ses doigts. Cela transmet des vibrations similaires à celles des gouttes de pluie frappant le sol, et quelques minutes plus tard, les premiers vers montrent leur tête. Autre option : piétiner sur place. Et leur goût ? Il rappelle celui du poulet, et à la poêle, avec un peu de sel, ils constituent un repas tout à fait correct. La quantité de vers peut dépasser les cent tonnes au kilomètre carré : même en période de crise, personne ne devrait jamais mourir de faim sous nos latitudes.

Mais revenons au mois de novembre. L'automne, c'est la saison des champignons. L'été offre souvent aux amateurs une première vague, lorsque, après une longue sécheresse, les premières grosses averses viennent rafraîchir la forêt. Mais il s'agit de quelques impatients qui n'ont pas su attendre le signal du départ. Celui-ci survient en automne, aux premières longues pluies. Pour la reproduction, cette période est bien plus sûre, car le chapeau protecteur se conserve nettement plus longtemps. En outre, peu avant leur repos hivernal, les arbres ont fait le plein de sucres, et c'est dans ces réserves que les champignons puisent pour grandir. Nous autres humains, nous ne sommes pas les seuls à les apprécier : les sangliers en sont tout aussi friands que nous. Mais ils privilégient les aliments les plus riches en calories, notamment ceux qui contiennent des lipides. Ils vont donc chercher en priorité du côté des chênes et des hêtres, qui leur en offrent en quantité. Les cervidés ne se privent pas non plus de ces fruits, les années où on en trouve. Vite, il faut profiter de l'aubaine, emmagasiner un maximum de calories pour se faire une bonne couche de graisse. Ensuite, quand vient le grand froid hivernal, sangliers et cervidés changent de fourrure, en plusieurs fois, et passent leurs journées à somnoler sous la neige, dans une cachette à l'abri du vent et des regards.

Les souris, les écureuils et les geais des chênes sont intéressants à observer en automne, car ils s'affairent à mettre leurs provisions en lieu sûr, en prévoyant de nombreux petits dépôts souterrains. Si le geai parvient à en retrouver près de dix mille, l'écureuil, lui, est sujet aux trous de mémoire. C'est aussi grâce à ses oublis que l'on voit sortir de terre au printemps des bouquets entiers de jeunes arbres.

En forêt avec les enfants

Pour motiver les jeunes troupes, quoi de mieux qu'un bon chewing-gum ? Mais pas n'importe lequel : le vrai chewing-gum de la forêt. Cette astuce, je l'ai apprise en 1984, pendant un stage en Suède avec ma classe d'apprentis forestiers. Dans la partie sud du pays, nous avons visité plusieurs exploitations de bois : c'était à qui nous montrerait les plus gigantesques machines, gages d'excellence s'il en est. Dans la documentation fournie aux visiteurs, j'ai découvert au milieu des plaquettes et autres livrets promotionnels une petite fiche expliquant comment fabriquer un chewing-gum avec de la résine d'épicéa. Pourquoi fournir une telle information ? Je l'ignore, mais c'est sans doute celle qui m'a le plus servi au cours de ma carrière.

La technique fonctionne à merveille, et a beaucoup de succès auprès des plus jeunes. Tout d'abord, il faut avoir sous la main un épicéa, ou à défaut un pin. Pour une fois, on ne se plaindra pas que ces arbres soient si faciles à trouver dans nos forêts soumises à des impératifs de rentabilité. Mais ce n'est pas tout : il faut que cet arbre produise de la résine. La résine est en quelque sorte le sang de l'arbre : comme le nôtre, il coule dès que l'écorce (ou la peau) est entamée. Surtout, ne pas entailler un arbre juste pour se faire un petit chewing-gum ; d'ailleurs, cela ne servirait à rien, car il faut une sorte bien particulière de résine. Elle doit être de couleur claire, déjà durcie à point, et de la taille d'une petite noisette au moins. Si toutes les cases sont cochées, vous pouvez mettre votre trouvaille dans la bouche, pour la réchauffer lentement. De temps en temps, vérifiez d'un petit coup de dent si on peut déjà la mâcher. Mais prudence : si vous croquez trop tôt et trop fort, le morceau de résine éclatera en miettes, et il faudra en chercher un autre. Si vous avez pris de la résine trop jeune, et donc trop laiteuse, trop liquide, elle fondra complètement dans votre bouche et ne vous laissera qu'un souvenir amer (au sens propre du terme). Si vous vous contentez d'une résine encore trop collante, le plaisir est totalement gâché. La matière trop molle reste collée aux dents : bonne chance pour la retirer ensuite ! Même quand tout se passe bien, c'est-à-dire quand le morceau de résine s'assouplit peu à peu et accepte de prendre la forme de vos molaires, c'est l'amertume qui arrive en premier. Il suffit alors de cracher – pas très élégant, je sais, mais à part votre famille et deux ou trois oiseaux des bois, personne ne vous voit. Peu à peu, le goût devient acceptable, et la résine se change en une véritable gomme à mâcher, d'une teinte rosée et d'une texture bien résistante. Cette gomme ne colle pas aux dents, et surtout, elle offre un peu d'action et de surprise à mi-chemin de votre balade, quand les enfants commencent à s'ennuyer. Quand on en a assez de mastiquer, aucun scrupule pour se débarrasser de son chewing-gum dans la nature. Pourquoi pas en le recollant sur un arbre ?

En forêt, les enfants sont très bon public, mais pour que l'expérience leur plaise, il faut les laisser vivre. Ce qui implique, par exemple, de pouvoir se salir. Nous, les adultes, nous nous méfions de la saleté, ce qui d'ailleurs, la plupart du temps, est assez justifié. La crasse venue de la civilisation – cambouis, peinture, suie, poussière, ou bien sûr excréments d'animaux domestiques, présente un réel danger pour la santé : si nous la retirons au plus vite de nos mains et de nos vêtements, ce n'est pas juste par souci esthétique, c'est aussi pour ne pas nous rendre malades.

En revanche, la terre ou l'humus des sous-bois ne représentent aucune menace pour notre santé. Même le film gluant qui se forme sur le tronc des arbres par temps de pluie, et qui laisse de si belles traces sur les vestes quand on s'appuie contre l'arbre, n'est pas plus dangereux que les algues ou le plancton du bord de mer. Et pourtant, une barrière intérieure nous fait redouter tout contact trop intime avec la nature, comme j'ai pu le constater lors d'une sortie en forêt où j'encadrais des adolescents difficiles. Avec leurs baskets immaculées et leurs smartphones, ils et elles n'avaient pas la moindre envie d'aller crapahuter sous les arbres. Pour ne pas glisser sur le sentier humide, la plupart avaient ramassé un bâton. Mais pas question d'y toucher à mains nues : à ma grande surprise, je les ai vus sortir des mouchoirs en papier pour en envelopper le bois avant de l'attraper. Au bout de deux jours en forêt, je ne les reconnaissais plus. J'avais mis au programme quelques éléments de mes stages de survie, et tout le monde se régalait de larves, toute appréhension envolée.

L'essentiel est que les enfants ne craignent pas de salir leurs vêtements, et l'aventure peut commencer. Avez-vous déjà essayé de faire des visages sur les arbres ? Sur un gros morceau d'écorce, on dépose une bonne dose de boue bien liquide. Avec un petit bâton qui servira de pinceau, chacun pourra peindre des yeux, un nez et une bouche sur son arbre préféré, et bientôt la forêt sera peuplée de grimaçantes créatures qui subsisteront quelques jours (jusqu'à la prochaine sortie ?).

Et le téléphone des bois ? Il ne fonctionne que sur de courtes distances, mais il est d'une importance vitale, du moins pour les oiseaux qui font leur nid dans le creux d'un arbre, en hauteur. Les pires ennemis de leur progéniture sont les écureuils et les martres. Ces mammifères très agiles escaladent le tronc et emportent dans leurs griffes acérées les petits oiseaux sans défense. Que peuvent y faire les parents oiseaux ? Pas grand-chose, si ce n'est tenter une attaque frontale pour mettre en fuite les agresseurs.

Il arrive aussi que les prédateurs repèrent des adultes endormis sur les branches, qui pourront s'enfuir à tire-d'aile à condition d'être prévenus à temps. Le bois transmet remarquablement les sons ; n'est-ce pas pour cette raison-là qu'on en fait des instruments de musique ? Le vieux tronc est un instrument géant sur lequel écureuils et martres viennent jouer leur mélodie mortelle. Leurs griffes qui se cramponnent au bois émettent un son caractéristique qui monte jusqu'en haut de l'arbre, et résonne tout particulièrement à l'intérieur. Les oiseaux gagnent ainsi les précieuses secondes qui leur permettront de réagir. Les enfants pourront expérimenter l'utilité de ce téléphone (ou plutôt de ce système d'alarme) sur des troncs d'arbres tombés. Ils se mettent à genoux à un bout du tronc et collent l'oreille contre l'écorce. Vous vous placez à l'autre extrémité et, avec un petit caillou, vous tapez sur le bois pour envoyer votre message : l'enfant doit dire combien de coups il ou elle a entendus. Effet encore plus réaliste si vous grattez l'écorce – votre rejeton entend alors le même avertissement que les petits oiseaux.

C'est bien connu : dans toute randonnée, les meilleurs moments, ce sont les haltes. À plus forte raison quand il y a des enfants. Dans de nombreuses balades, j'ai constaté qu'avec les enfants d'âge scolaire, il vaut mieux respecter les horaires d'une journée de classe standard. Dans l'enthousiasme de la découverte, il peut arriver qu'on fasse trop durer les choses, et d'un seul coup, la capacité d'attention s'épuise et les petits se mettent à râler.

Après le pique-nique ou le goûter, on peut diriger leur attention

Pic noir et écureuils, parc naturel régional des Vosges du Nord, France.
Grâce au « téléphone des bois »,
les oiseaux nichant au creux des arbres
ont une chance d'échapper à l'attaque
des écureuils ou des martres.

sur un nouveau sujet. Pourquoi pas un peu de musique en forêt ? Je ne parle ni du chant des oiseaux, ni du vent dans les feuilles, mais bien de « véritable » musique. Vous craignez que cela ne vienne tout gâcher ? Attendez un peu : vous verrez qu'au contraire, il n'y a rien de plus naturel.

Commençons par l'un des instruments les plus faciles à apprendre : la feuille de hêtre. Si vous placez vos pouces l'un contre l'autre, vous verrez apparaître entre eux une petite fente. La feuille sera placée entre la première et la deuxième phalange (en comptant à partir de l'ongle), bien serrée, et tendue jusqu'en bas. Et voilà, votre instrument forestier est prêt ! Pour en jouer, il suffit de presser fortement les lèvres sur la fente et de souffler énergiquement. Le son que vous en tirerez ressemble à un piaillement plus ou moins rauque, et peut surprendre par sa puissance. En jouant sur la force du souffle, on peut faire varier la hauteur et la qualité du son – tout dépendra de vos talents musicaux !

Il n'est pas rare d'entendre résonner cette douce mélodie dans les bois, surtout l'été. Ce sont les chasseurs qui se livrent à ce petit jeu qu'ils nomment « appeler à la feuille », afin d'attirer les chevrillards en rut. Avec un peu d'entraînement, le son extrait de la feuille (ou d'un appeau conçu à cet effet) imite en effet l'appel irrésistible de la chevrette en chaleur. Les jeunes chevreuils cherchant de la compagnie réagissent au quart de tour, car les plus vieux ne leur laissent pour ainsi dire aucune chance : les mâles les plus âgés monopolisent les femelles sans tolérer aucun concurrent. Dès que retentit l'appel, il est fréquent qu'un jeune mâle sorte du bois, au mépris de toute prudence. Chez les chasseurs, tout finit par un coup de fusil ; quant à vous, vous pourrez observer l'animal de près.

Pour séduire efficacement, il est important de n'émettre que quelques brefs appels, puis de faire une pause de quelques minutes.

Si aucun chevreuil ne se montre, on peut passer à la vitesse supérieure. Pour vous montrer plus convaincant, allez donc faire un tour sur Internet : comme pour tout instrument, le talent n'est rien sans la pratique.

Dans la même catégorie, on peut ranger un deuxième instrument forestier : l'arrosoir. Avec celui-ci, l'idée est cette fois d'inviter les cerfs à faire un duo avec vous. La première condition de succès est bien évidemment de se trouver dans une région notoirement fréquentée par les cerfs. Pour le vérifier, il existe diverses cartes consultables en ligne, comme le site https://www.rothirsch.org pour l'Allemagne[34].

Deuxième critère : viser la bonne période de l'année. De septembre à mi-octobre, grand maximum, c'est la saison des amours. Les cerfs constituent leur harem, le défendent contre leurs rivaux et s'égosillent pour se faire respecter le plus loin possible à la ronde. Leur cri si particulier s'appelle le « brame » ; il est étonnamment facile à imiter en soufflant dans un tuyau. Et c'est ici qu'intervient notre arrosoir. Le tuyau par où on verse l'eau aboutit en effet à un réservoir qui constitue une remarquable caisse de résonance. Pour bien imiter le brame, il vaut mieux aller écouter en direct ce que cela peut donner – si vous vivez dans une zone abritant une population de cerfs, vous parviendrez bien à entendre un de ces déchirants appels, même de loin. Prenez l'arrosoir, retirez si nécessaire la pomme, placez l'extrémité du tuyau contre vos lèvres et lancez un cri rauque, aussi grave que possible. Votre cerf artificiel est né. Même si aucun congénère ne lui répond, les autres promeneurs, et surtout les enfants, se seront bien amusés.

Certes, les deux instruments que je vous ai présentés n'avaient pas vraiment vocation à produire de la musique au sens habituel du terme. Mais même sur ce terrain-là, la nature à quelque chose à vous offrir : les sifflets en branches de saule.

Dans mon enfance, nous partions chaque année faire une randonnée de plusieurs jours avec une autre famille. Je me souviens encore de mon émerveillement en voyant tout ce que l'on pouvait faire avec un simple couteau de poche. Il vous faudra un canif, donc, et une branche de saule bien verte – mais cela peut fonctionner aussi avec d'autres essences. Choisissez-la grosse comme le doigt, et de dix à quinze centimètres de long, sans départs de ramifications ni aucun défaut dans l'écorce. À mi-longueur, faites avec précaution une première entaille circulaire tout autour de la branche, jusqu'à atteindre le bois sous l'écorce. Du côté où vous allez souffler, il faut ensuite ménager une embouchure ressemblant à celle d'une flûte à bec. Pour ce faire, on pratique une grosse encoche en biais sur la branche, à environ un centimètre de l'embouchure, en entrant cette fois plus profondément dans le bois. Ensuite, une entaille bien verticale vient rejoindre la première, et on retire un bon éclat de bois. Il s'agit alors de dénuder délicatement la partie supérieure de la branche, mais sans abîmer l'écorce, qui doit former un cylindre creux. Pour aider l'écorce à se décoller, on peut taper sur le sifflet avec le manche de son couteau (pas trop fort, sans quoi il finira en miettes!). Pendant toute l'opération, le père de la famille qui nous accompagnait répétait sans cesse une petite comptine locale, qui résonne encore dans ma tête. N'hésitez pas à en faire autant! Pour fabriquer un beau sifflet en saule, le moment idéal est le printemps déjà bien avancé, quand les arbres sont gorgés de sève. Si ce n'est pas le cas, vous pouvez aider un peu la nature en humidifiant le morceau de bois dans votre bouche, avant de le re-frapper. Une fois l'écorce enlevée, il faut faire sauter un petit bout de bois d'environ deux centimètres de long sur la partie écorcée de la branche, à partir de l'encoche, puis bien aplatir et lisser cette zone avec la lame du couteau. À présent, on assemble les deux morceaux, avec la partie creusée du même côté que l'encoche dans l'écorce : et le tour est joué ! En rentrant la partie écorcée du sifflet plus ou moins profondément dans l'écorce, vous pouvez faire varier la hauteur des notes. Le résultat est impressionnant, et avec un peu de pratique, vous pourrez jouer de vrais morceaux. Tout cela risque fort de passionner les enfants, et de les aider à passer sans même s'en apercevoir les moments les plus difficiles de la promenade.

En guise de conclusion

Ce livre n'est pas conçu pour être un ouvrage de référence : il n'a qu'un seul but, c'est de vous ouvrir l'appétit. Faut-il retenir tout ce que je vous ai raconté sur la forêt ? C'est impossible, mais surtout inutile. Peut-être aurez-vous envie d'y revenir après une balade dans les bois, quand une expérience ou une rencontre auront piqué votre curiosité. Pour découvrir la forêt, bien plus qu'un livre, vous utiliserez ce que vous avez toujours sur vous : vos yeux, vos oreilles, vos narines, votre langue, votre sens du toucher. Avec ou sans livre, c'est le meilleur équipement qui soit pour entreprendre des expéditions passionnantes en sous-bois : l'aventure est à votre porte ! Rappelez-vous que ce sont *vos forêts*, et qu'elles n'attendent que d'être explorées par vous.

N'ayez pas peur de déranger : les explorateurs du dimanche, promeneurs, ramasseurs de champignons que nous sommes ne perturbent jamais les animaux et les plantes de la forêt. Au contraire, les humains *font partie* de cet écosystème. Du moins ceux qui savent se déplacer à pied et laisser le milieu naturel intact au moment de repartir. Dans cet esprit, je vous souhaite de belles découvertes, petites ou grandes, et si ce guide vous permet de profiter davantage encore de votre prochaine sortie en forêt, il aura accompli sa mission.

Promenade en sous-bois, comté de Sussex, Angleterre.

Sources

1.   Carson, Rachel, *Printemps silencieux* [1962], traduit de l'anglais par Jean-François Gravrand et Baptiste Lanaspèze, Wildproject, 2014.

2.   Information communiquée par la biologiste Klara Krämer, RWTH Aachen University, Institute for Environmental Research (Biology V), Chair of Environmental Biology and Chemodynamics (UBC), courriel du 30 mars 2016.

3.   Schmitt, Craig L. et Tatum, Michael L., *The Malheur National Forest, Location of the World's Largest Living Organism*, United States Department of Agriculture, 2008, p. 4.

4.   Hengherr, S. *et al.*, *Journal of Experimental Biology*, 2009, 212, p. 802-807; doi: 101242/jeb.025973.

5.   http://www.rki.de/SharedDocs/FAQ/FSME/Zecken/Zecken, consulté le 16 juin 2016.

6.   http://www.roteskreuz.at/gesundheit/gesundheitsinformation/ratgeber-gesundheit/fsme/, consulté le 16 juin 2016.

7.   Fuhr, Eckhard, «Bambi schützt vor Borreliose», *Die Welt*, 25 mai 2014.

8.   https://de.statista.com/statistik/daten/studie/226127/umfrage/hektarer-trag-von-getreide-in-deutschland-seit-1960/, consulté le 27 décembre 2016.

9.   Question écrite des élus Christine Kamm et Christian Magerl, groupe Bündnis 90/Die Grünen (4 mars 2013); réponse du ministère régional bavarois

de l'Environnement et de la Santé (29 avril 2013), document 16/16 704 du 3 juin 2013.

10. http://www.forsten.sachsen.de/wald/2886.htm, consulté le 12 avril 2016.

11. https://lua.rlp.de/de/presse/detail/news/detail/News/kleiner-fuchsbandwurm-jeder-fuenfte-fuchs-im-land-befallen/, consulté le 27 décembre 2016.

12. *Ibid.*

13. « Infektionsepidemiologisches Jahrbuch meldepflichtiger Krankheiten für 2014 », Robert Koch-Institut, Berlin, 2015, p. 72-75.

14. http://de.statista.com/statistik/daten/studie/185/umfrage/todesfaelle-im-strassenverkehr/, consulté le 17 avril 2016.

15. http://www.br.de/themen/ratgeber/inhalt/verbrauchertipps/gewitter-blitz-blitzschlag-folgen100.html, consulté le 17 avril 2016.

16. http://wildbio.wzw.tum.de/index.php?id=58, consulté le 19 avril 2016.

17. http://isleroyalewolf.org/http%3A//www.cpc.ncep.noaa.gov/products/precip/CWlink/pna/nao.shtml, consulté le 14 juillet 2016.

18. http://www.yellowstonepark.com/wolf-reintroduction-changes-ecosystem/, consulté le 15 juillet 2016.

19. Beigang, T., « Der Wolf bei den kleinen Mädchen in der Bushaltestelle », *Nordkurier*, 18 août 2014.

20. BPOLD-B : « Die Geschichte vom Wolfstransporter – alles nur Wolfsgeheul ! », Communiqué de presse de la police fédérale allemande, Berlin, 27 janvier 2014.

21. http://de.statista.com/themen/1199/strassen-in-deutschland/, consulté le 24 juin 2016.

22. http://www.wolfsregion-lausitz.de/index.php/nahrungszusammen-setzung, consulté le 24 juin 2016.

23. Rothe, K., Tsokos, M. et Handrick, W., « Animal and human bite wounds », *Deutsches Ärzteblatt International*, 2015, doi : 103 238/arztebl.2015.0433, p. 112 et p. 433-443.

24. Bloch, Günther et Radinger, Elli H., *Der Wolf ist zurück*, Bad Münstereifel/Wetzlar, 2015.

25. Drösser, Christoph, « Glas unter der Lupe », *Die Zeit*, n° 39, 16 septembre 2004.

26. *Verkehr und Mobilität in Deutschland*, Ministère fédéral des Transports et de l'Infrastructure numérique, novembre 2015, p. 6.

27. Puttonen, E. *et al.*, « Quantification of Overnight Movement of Birch (*Betula pendula*) Branches and Foliage with Short Interval Terrestrial Laser Scanning », *Front Plant Sci.*, 29 février 2016 ; 7:222. doi : 103 389/ fpls.2016.00222. eCollection 2016.

28. Huber, M., « Forscher schauen 300 Bäumen beim Wachsen zu », *Tierwelt*, n° 23, 4 juin 2015, p. 24-25.

29. Moir H. M., Jackson J. C. et Windmill J. F. C., « Extremely High Frequency Sensitivity in a "Simple" Ear », *Biol Lett* 9 : 20 130 241.

30. https://www.heise.de/newsticker/meldung/Datenschutz-im-Wald-Immer-mehr-Wildkameras-erfassen-Waldspaziergaenger-2182616.html

31. Ahnelt, P., « Unterscheidung in Blau und Nicht-Blau », *Revierkurier*, 3/2009, p. 4-5.

32. Mantau, U., *Holzrohstoffbilanz Deutschland, Entwicklungen und Szenarien des Holzaufkommens und der Holzverwendung 1987 bis 2015*, Hambourg, 2012, p. 65.

33. Füßler, Claudia, « Der Baum der Bäume », *Badische Zeitung*, 17 décembre 2016.

34. http://rothirsch.org/wp-content/uploads/2014/02/ RWVWaldD+Wald_140225.jpg

Crédits photos

Table

L'EXEMPLAIRE QUE VOUS TENEZ ENTRE LES MAINS
A ÉTÉ RENDU POSSIBLE GRÂCE AU TRAVAIL DE TOUTE UNE ÉQUIPE.
ÉDITION : Clotilde Meyer
COUVERTURE ET CONCEPTION GRAPHIQUE : Sara Deux
RÉVISION : Emmanuel Dazin, Fabrice Émont et Isabelle Paccalet
MISE EN PAGE : Soft Office
PHOTOGRAVURE : Les Artisans du Regard (couverture), Points 11 (intérieur)
FABRICATION : Marie Baird-Smith et Bertille Comar
COMMERCIAL : Pierre Bottura
RELATIONS LIBRAIRES : Jean-Baptiste Noailhat et Damien Nassar
PRESSE ET COMMUNICATION : Jérôme Lambert avec Axelle Vergeade
LES ARÈNES DU SAVOIR : Pierre Bottura avec Marc Blactot, Fanny Boidron,
Adèle Hybre et Guillaume Lollier

RUE JACOB DIFFUSION : Élise Lacaze (direction), Katia Berry
(grand Sud-Est), François-Marie Bironneau (Nord et Est),
Charlotte Jeunesse (Paris et région parisienne), Christelle Guilleminot (grand
Sud-Ouest), Laure Sagot (grand Ouest), Diane Maretheu (coordination),
Charlotte Knibiehly (ventes directes)
et Camille Saunier (librairies spécialisées)

DISTRIBUTION : Interforum

DROITS FRANCE ET JURIDIQUE : Geoffroy Fauchier-Magnan
DROITS ÉTRANGERS : Sophie Langlais
ACCUEIL ET LIBRAIRIE : Laurence Zarra
ANIMATION : Sophie Quetteville
ENVOIS AUX JOURNALISTES ET LIBRAIRES : Vidal Ruiz Martinez
COMPTABILITÉ ET DROITS D'AUTEUR : Christelle Lemonnier,
Camille Breynaert et Christine Blaise
SERVICES GÉNÉRAUX : Isadora Monteiro Dos Reis

Achevé d'imprimer sur les presses de l'imprimerie Corlet
à Condé-en-Normandie (Calvados), en février 2021.

ISBN : 979-10-375-0347-3
N° d'impression : 20120811
Dépôt légal : avril 2021